高等医学院校基础医学实验教学改革系列教材

# 生物化学与分子生物学实验教程

U0266100

主　编　黄春霞　龙　昱

副主编　刘美玲　朱传炳　杨金莲

编　者（以姓名汉语拼音为序）

陈　琳　郭　音　黄春霞　李　帆

李　妍　刘美玲　龙　昱　罗玥佶

欧阳文英　粟　敏　汤　婷　汪　茗

王　琳　王义军　杨金莲　曾　杰

朱传炳

北京大学医学出版社

**图书在版编目（CIP）数据**

生物化学与分子生物学实验教程/黄春霞，龙昱主编. —北京：北京大学医学出版社，2014.8（2016.8重印）

高等医学院校基础医学实验教学改革系列教材

ISBN 978-7-5659-0895-8

Ⅰ. ①生… Ⅱ. ①黄… ②龙… Ⅲ. ①生物化学—实验—医学院校—教材②分子生物学—实验—医学院校—教材 Ⅳ. ① Q5-33② Q7-33

中国版本图书馆CIP数据核字（2014）第152438号

**生物化学与分子生物学实验教程**

主　　编：黄春霞　龙　昱

出版发行：北京大学医学出版社

地　　址：（100191）北京市海淀区学院路 38 号 北京大学医学部院内

电　　话：发行部　010-82802230；图书邮购　010-82802495

网　　址：http://www.pumpress.com.cn

E－mail：booksale@bjmu.edu.cn

印　　刷：中煤（北京）印务有限公司

经　　销：新华书店

责任编辑：张彩虹　　责任校对：张　雨　　责任印制：李　啸

开　　本：787mm×1092 mm　1/16　印张：12　字数：301 千字

版　　次：2014 年 8 月第 1 版　2016 年 8 月第 2 次印刷

书　　号：ISBN 978-7-5659-0895-8

定　　价：26.50 元

# 序

随着我国医学教育改革的不断深入，医学教育的目标已向培养高素质、强能力、具有创新精神的综合型人才的目标转变。医学实验教学是医学人才培养的重要环节，国内各高校对实验教学内容、教学方法和手段、管理体制等进行了大量的改革和探索。教育部在全国开展医学院校专业认证评估，把实验教学改革再次推向新的高度。

在医学教育认证标准中（WFME 和 IIME），课程整合是其中一项重要的观察指标，实验课程融合和教学改革是其中的重要部分。为加强学生动手能力培养，强化学生创新思维训练，有效开展实验课程的融合，促进医学人才质量的提高，适应医学专业认证评估的需要，长沙医学院开展了基础医学实验教学改革的探索，并组织编写了本系列教材。

本系列教材的编写，综合了"本科医学教育国际标准"和"全球医学教育最低基本要求"两个国际医学教育标准，更加注重学生能力培养的个性化教学需求，注重创新思维和创新精神的培养，注重基础与基础、基础与临床的知识融合及知识运用能力的培养。

首先，对基础医学课程实验教学内容进行优化整合，形成形态学实验、机能学实验、生物化学与分子生物学实验、病原生物免疫学实验、化学实验等实验教学。

其次，实验项目按照"基础性实验""综合性实验""设计创新性实验"三大模块编写，精简了基础性实验和重复的实验项目，增加了"三性"实验项目，联系后续课程内容及临床，重点突出知识点的横向与纵向联系。

同时，融合最新的科研成果，将其转化为不同课程之间的综合性、创新性实验项目，有助于全面提升医学专业人才培养质量。

本次出版的基础医学实验教学改革系列教材是长沙医学院教育教学改革成果的重要组成部分，我们期盼着这些成果能够成为医学人才培养质量迈上新台阶的标志。

欢迎兄弟院校专家学者雅正指导！

何桃生

2014年6月15日

# 前　言

生物化学与分子生物学是医学各专业的重要基础课程，了解和掌握生物化学与分子生物学实验技术，是巩固理论知识的重要手段，不仅对医学生后续课程的学习具有支撑作用，还能为其从事临床医学及其他相关学科的医疗、教学和科研工作打下基础。为了适应高等医学院校基础医学实验教学的发展要求，培养医学生的实践能力和创新能力，我们结合近年的实验教学经验和改革经验，编写了这本实验教材。

本实验教材共分为四篇。第一篇为基本知识，介绍了实验室管理要求与实验课考核、基本实验操作及常用仪器的使用以及常见临床疾病的生物化学检测方法等，使学生对本门课程的相关技术有一个系统的认识，了解其在临床上的应用。第二篇是基础性实验，主要包括一些与临床联系密切的生物化学与分子生物学经典实验项目，目的在于使学生在提高实验操作能力的同时能进一步巩固所学的理论知识。第三篇是综合性实验，所选的实验项目涉及多种实验技术或者多个研究对象，目的在于使学生进一步提高实验技能及应用所学知识综合解决问题的能力。第四篇是设计创新性实验，通过让学生自行查阅资料，独立完成实验设计和实验操作，达到培养其创新意识、动手能力和基本科研能力的目的。此外，本书最后还增加了一些常用缓冲溶液的配制方法以及不同温度下物质在水中的溶解度表，以供实验者独立进行实验准备工作参考。

本实验教材的编者均是有多年生物化学与分子生物学实验一线教学经验的教师，他们熟悉专业知识及实验技能，了解课程及学生的实际情况。实验项目的设置主要按照实验技能递进的思路，循序渐进地开设了三个层次的实验项目，精简验证性实验，增加综合性及创新性实验，使逻辑性、系统性更强。在实验内容的选择上，我们注重与理论课程内容的联系，强调理论与实践的结合，并且每个实验项目都注意结合专业特点，增加了与临床实际的联系，同时融入科技创新及实验教学改革成果，突出教学与科研、基础与临床的结合。学生在掌握实验技能的同时能了解其临床应用，从而更好地理解实验的目的。

本实验教材中实验内容的选择考虑了学制和专业的差异，不同专业的学生根据其培养目标，可在实验项目的选择上实行必选项目和自选项目的结合。因此，本实验教材不仅适合临床医学专业学生使用，也可供其他医学相关专业的学生使用，同时也可供相关专业科研、教学及实验技术人员参考。

尽管我们付出了艰辛劳动，精心编写，严格把关，但由于编者水平有限，时间仓促，书中难免存在缺点或不当之处，恳请广大读者批评指正。

黄春霞　龙昱

2014 年 6 月

# 目　录

第一篇

# 基 础 知 识

# 第一章 实验室管理要求及实验课考核

## 一、学生实验总则

1. 学生进入实验室工作与学习之前，须认真阅读本总则及实验室其他规章制度，并严格遵守。

2. 实验前应认真进行预习，明确实验目的和要求，了解所做实验的原理、所用仪器和注意事项，掌握实验内容、方法和步骤，以便正确地进行实验操作。

3. 任何人不得私自挪用实验室的仪器设备、标本等。实验时除指定使用的仪器外，不得随意动用其他仪器。

4. 学生在实验时必须按编定的组别和指定的席位就座，不得任意调动。应遵守上课时间，不得无故迟到、早退、缺席。因故不能上实验课者，应向指导教师请假，所缺实验课应及时补上。无故不参加实验者作旷课处理。

5. 进入实验室或其他实验场地，必须着实验服，保持安静，严禁喧哗、吸烟、吃零食、随地吐痰和乱扔纸屑，不准做与实验无关的事。

6. 实验前检查、清理好所需的仪器、用具等。如有缺损，应及时向指导教师报告，不得自己任意挪用，不准擅自将任何实验器材、试剂、药品等带出实验室。

7. 实验时，服从教师指导，按规定和步骤进行实验，认真操作、细心观察，真实地记录各种实验数据，不允许抄袭他人数据，不得擅自离开操作岗位。

8. 注意安全与防护，严格遵守操作规程。爱护仪器设备，节约水、电、试剂和药品等。实验结束后，废液、废渣、废气、标本及含病菌的其他材料要按指定要求处置，不得随意丢弃。

9. 在实验过程中如仪器设备发生故障，应立即报告指导教师及时处理。凡违反操作规程或不听从指导而造成仪器设备损坏等事故者，必须写出书面检查，并按学校有关规定处理。

10. 实验结束后，学生应负责将仪器整理还原，桌面、凳子收拾整齐。由值日学生打扫卫生并协助教师收拾整理试剂及仪器，经指导教师审核测量数据和仪器还原情况并同意后方可离开实验室。

11. 应在指导教师规定时间内上交实验报告。

12. 开放性实验一般安排在非实验课时间，学生可以结合自己的兴趣爱好，选择合适的时间段进行开放性实验操作。

13. 对课外开放实验所需的仪器设备，须经指导教师签字同意后办理借用手续，实验结束后及时归还。归还时，经实验室人员认真检查后，方可离开。如发现损坏、遗失，按学校有关规定处理。消耗材料的领用按实验室规定办理手续。

## 二、实验报告的书写要求

实验报告是对整个实验过程及实验结果的如实记录。学生通过对具体实验步骤及获得的结果的记录，能分析总结实验过程中好的经验及出现的问题，从而加深对理论及技术的理解与掌握，同时这也是学习撰写科研论文的一个重要过程。实验报告的基本内容应包括实验名称、实验目的、实验原理、实验器材与试剂、实验步骤、实验结果、分析与总结、思考题。

1. 实验报告书写的注意事项

（1）内容完整，字迹端正清晰，版面整洁。

（2）实验原理简明扼要，涉及化学反应的最好用化学反应式表示。

（3）实验步骤的描述要如实记录整个实验流程，语言简洁，可以采用流程图或表格等方式简化步骤。

（4）实验结果应如实记录实验过程中所观察到的现象或测定的数据，不得照抄实验教材中的理论值，更不允许因结果存在误差而篡改自己的实验结果。

（5）分析与总结不是对实验结果的重述，也不是将注意事项抄写一遍，而是以实际实验结果为基础的逻辑推论。分析与总结的内容应包括实验操作中是否存在问题和实验结果是否正常（有误差的必须要进行误差分析）的分析，对实验设计的体会和建议以及对实验教学的改进意见等。

（6）实验报告的内容不得相互抄袭，不得篡改实验结果。教师批改后如有错误需及时更正。

2. 实验报告本的送交与领回要求

（1）各专业学生以所在实验室的学习小组为单位，由小班长将所有同学的实验报告本按学号放好后统一送交老师。

（2）各专业学生的实验报告本须在实验完成后 3 日内送交至生化教研室，放置于实验报告架上标有相应带教老师姓名的地方，由当次带教老师进行批改。老师批阅后将成绩登记入册，并记入期末考核成绩。不得无故缺交或迟交实验报告本，否则将酌情扣减实验成绩。

（3）下次实验课前由本实验室小班长将老师批阅后的实验报告本领回并发放给每位同学。

## 三、实验成绩考核与评定办法

生物化学与分子生物学实验成绩主要由考勤、实验操作、实验报告和实验考试四部分组成。其中，考勤主要是记录学生是否有旷课、迟到或早退；实验操作是对每次实验过程中学生的表现进行评定，包括考查学生是否动手进行实验、操作是否准确、实验结果的准确性以及是否存在其他违纪的现象等。

（刘美玲）

# 第二章　基本实验操作

## 实验目的

1. 掌握刻度吸量管、微量移液器的使用方法。
2. 掌握一般玻璃仪器的洗涤方法和试剂混匀法。
3. 熟悉奥氏吸量管及移液管的使用方法。
4. 了解容量分析仪器的洗涤方法。

## 实验器材与试剂

1. 仪器　学生实验仪器一套、奥氏吸量管、移液管、刻度吸量管（0.5ml、1ml、2ml、5ml 及 10ml 各 1 支）、微量移液器（20μl、200μl、1 000μl 各 1 支）、Tip 头。
2. 材料及试剂　蒸馏水。

# 第一节　吸量管的使用

## 一、吸量管的种类

吸量管分为三类（图 2-1）。

1. 奥氏吸量管

奥氏吸量管用来准确量取 0.5ml、1ml、2ml、5ml 及 10ml 液体。特点是每支奥氏吸量管上只有一条刻度线（即一支奥氏吸量管只能量取一种体积的液体），放液时最后需将残留在管尖的液体全部吹出。由于这类吸量管在同一容量的吸量管中内表面积最小，故准确度最高。因其结构中球形膨大部分距离管尖的位置较近，因此，在实验中常作为量取黏度较大的液体之用。

2. 移液管（移液吸量管）

移液管供准确量取 1ml、5ml、10ml、20ml、25ml、50ml 及 100ml 液体用。特点是每支吸量管上也只有一条刻度线，放液时待管内液体流出后，吸量管管尖需在容器内壁上继续停靠 10～15s，而管尖残留的液体无需吹出。这类吸量管常作为容量分析中定量

图 2-1　三种吸量管

稀释之用。

3. 刻度吸量管

刻度吸量管可供量取 10 ml 以下任意体积的液体之用，有 0.1 ml、0.2 ml、0.5 ml、1 ml、2 ml、5 ml 及 10 ml 等不同规格。因生产厂家不同，这类吸量管的刻度线标示有自上而下或自下而上两种，使用前应仔细看清楚。若刻度吸量管上标注有"吹"字，则在放液完成后需将残留在管尖的液体吹出，否则放液时待管内液体流出后，吸量管管尖只需在容器内壁上停靠 10 ~ 15 s 即可。

## 二、吸量管的使用方法

三类吸量管的主要操作方法基本相似，具体如下：

1. 拿法

使用前选择合适的刻度吸量管，并认真观察吸量管的规格、刻度线的标示及每格刻度线指示的数值大小等。用拇指、中指及无名指握紧吸量管上端（有刻度线的地方不可用手接触），示（食）指指腹扣住吸量管顶端，同时将有刻度线的一面对着操作者以便观察刻度。拿起吸量管后要始终保持管尖垂直朝下，不可倾斜。

2. 取液

将吸量管管尖插入液面下 1 ~ 2 cm（不可接触试剂瓶底及瓶壁），将洗耳球中的空气排尽后塞紧管口，缓慢吸取液体至所取液量的刻度上端 1 ~ 2 cm 处，然后移去洗耳球并迅速用示指按紧吸量管顶端，使液体不至于从管内流出。

3. 调刻度

将已吸取足够液体的吸量管提离液面（但不离开试剂瓶口），用碎滤纸片吸干吸量管外壁的液体。然后持吸量管，并与地面保持垂直，试剂瓶可略微倾斜使管尖能靠紧瓶壁，放松示指控制液体缓慢下降至所需体积的刻度线处（观察刻度时，液体凹面、刻度线和视线应在同一水平面上），立即按紧吸量管顶端。

4. 放液

放液时吸量管仍要保持垂直，容器（如试管）可略倾斜，使吸量管管尖靠紧瓶壁（引流），放松示指，使液体缓慢地流入容器内，不需吹出管尖液体的则在放液后停靠 10 ~ 15 s。使用完成后将吸量管放回吸量管架上，管尖置于低的一端，管口置于高的一端，且管尖不可朝向操作者。

5. 洗涤

吸取血液、尿液、组织样品及黏稠试剂的吸量管，使用后应及时用自来水冲洗干净。如果用于吸取一般试剂，则使用后的吸量管可不必马上冲洗，待实验完毕后，用自来水冲洗干净，晾干水分后浸泡于铬酸洗液中 2 ~ 4 h，再用自来水冲洗干净，最后用蒸馏水润洗，晾干，备用。

## 三、吸量管的选用原则

1. 量取整数体积的液体时，应首选奥氏吸量管；若量取体积较大的液体，可选用移液管。

2. 选用与取液量最接近的吸量管。如欲取 0.35 ml 液体，则应选用 0.5 ml 刻度吸量管，而不能用 1 ml 刻度吸量管。

3. 做生化定量实验时，当几个试管中需加入不同量的同种液体时，要根据加入液体的量酌情选用吸量管。例如，各管所加入的液体量分别为 0.2ml、0.4ml、0.6ml 及 0.8ml 时，应选用一支与最大取液量接近的刻度吸量管，即 1ml 刻度吸量管。但是如果各管加入的液体量分别为 1.8ml、2.4ml、3.6ml 及 8ml，则不能选用 1 支 10ml 刻度吸量管，而应该分别用 1 支 5ml 和 10ml 刻度吸量管量取，因为用 10ml 刻度吸量管量取 1.8ml、2.4ml 及 3.6ml 溶液时，因管内径太大，精确度不及 5ml 刻度吸量管。

4. 取液的方法有定量法和卸量法两种。定量法是需要量取多少定量到多少；卸量法则是先将体积定量到最大刻度，然后放出所需体积的液体。在实际使用中可尽量选用卸量法，因其量取的体积更为精确。

# 第二节　微量移液器的使用

微量移液器（也称为微量加样器）是一种取样量连续可调的精密取液仪器。其基本原理是依靠活塞的上、下移动，活塞移动的距离是由调节轮控制螺杆机构来实现的，推动按钮带动推杆使活塞向下移动，排出活塞腔内的气体，松手后，活塞在复位弹簧的作用下恢复其原位，从而完成一次吸液过程。

## 一、微量移液器的规格

微量移液器量取的液体是以微升（μl）为基本单位，常见的规格有 5 000μl、1 000μl、200μl、100μl、20μl、10μl 及 2.5μl 等（图 2-2）。

图 2-2　1 000μl 微量移液器

## 二、微量移液器的使用方法

1. 选择合适的微量移液器，轻轻转动微量移液器的调节旋钮，使读数显示为所要量取的体积。

2. 套上合适规格的 Tip 头，在轻轻用力下压的同时，把手中的移液器左、右旋转半圈，确保 Tip 头套紧，防止滑落。

3. 手握移液器，轻轻按下推动按钮，推至第一档处保持不动，然后将 Tip 头垂直浸入溶液中（管尖伸入液面下 2~4mm，不可接触试剂瓶底），缓慢松开推动按钮，即从第一档还原。

4. 将微量移液器提离液面后，在试剂瓶口将 Tip 头外壁残留的液体吸去。然后将移液器垂直伸入容器底端，按动推动按钮至第一档使液体排出，再继续将推动按钮按至第二档，使 Tip 头末端残留液体完全排出。将 Tip 头提离容器口后再放松推动按钮，使之复原（防止将溶液吸回 Tip 头内）。

5. 使用完毕后，弃去 Tip 头，并将微量移液器的调节轮旋转至最大刻度。

## 三、微量移液器使用注意事项

1. 吸液时，移液器应保持垂直，且慢吸慢放。

2. 装配 Tip 头时应将移液器垂直插入 Tip 头，左右旋转半圈，不能用移液器撞击 Tip 头。

3. 吸有液体的移液器不可平放，否则 Tip 头内的液体很容易回流至移液器内从而导致移液器被污染、弹簧生锈等。

4. 取液体积应在移液器量程范围内，不可将按钮旋出量程，否则会卡住机械装置，损坏移液器。

5. 严禁吸取有强挥发性、强腐蚀性的液体。

6. 严禁使用移液器吹打混匀液体。

# 第三节 玻璃仪器的洗涤方法及液体的混匀方法

## 一、一般玻璃仪器的洗涤

一般玻璃仪器如试管、锥形瓶及烧杯等，可直接用试管刷蘸取肥皂水或去污粉刷洗，再用自来水多次冲洗，去尽肥皂水或去污粉，最后用少量蒸馏水润洗 2~3 次，倒置沥干，备用。清洗干净的容器内壁应光洁，不沾挂水珠。

## 二、容量分析仪器的洗涤

容量分析仪器如吸量管、量筒、容量瓶及滴定管等，因其要求容积精确，一般不用刷子机械地刷洗，应先用自来水冲洗多次，待沥干后，再用铬酸洗液浸泡 2~4h，然后用自来水充分冲洗，直到将洗液全部冲洗干净为止，最后用少量蒸馏水冲洗 2~3 次，沥干，备用。

## 三、其他一些容器的洗涤方法

临床上病毒、传染病患者的血清等沾污过的容器，应先进行消毒后再进行清洗。盛装过剧毒药品和放射性核素物质的容器必须经专门处理，确认没有残余毒物后方可进行清洗。

## 四、试管内液体的混匀方法

1. 旋转法

右手握住试管上端,将试管口朝外(切不可朝向掌心),利用手腕的力量使试管做圆周运动(顺时针或逆时方向转动都可以,但必须是朝一个方向)。试管内液体较多时常采用此法。

2. 指弹法

左手持试管上端,使试管大致垂直于地面,再用右手手指关节轻轻叩击试管底端(即手指关节与试管壁成切线运动),使管内液体呈漩涡状转动。试管内液体较少时可采用此法。

3. 甩动法

右手握住试管上端,将试管倾斜,利用手腕的力量来回迅速甩动试管,使管内液体呈漩涡状转动。此法也只适用于试管中液体量较少的情况。

## 五、其他混匀方法

1. 玻璃棒搅拌法

适用于烧杯内溶液的混匀,搅拌时玻璃棒不可接触瓶壁及瓶底。

2. 倒转法

用示指或手心顶住瓶塞,颠倒混匀。

3. 磁力搅拌器混匀

一般用于烧杯内容物的混匀。

# 第四节 操作练习与思考题

### 操作练习

1. 识别吸量管的类型、规格及刻度的有效位数,并练习正确的使用方法。

2. 选用合适的刻度吸量管准确量取 0.8 ml、1.3 ml、3.4 ml 及 8.6 ml 蒸馏水,分别加入 4 支试管中。然后选择合适的吸量管量取 0.28 ml 红墨水分别加入上述各支试管中,并用合适的混匀法将其混匀。

3. 选择合适的微量移液器准确量取 650 μl、125 μl 及 10.5 μl 红墨水,分别加入 3 支试管中,然后选择合适的吸量管量取 0.35 ml 蒸馏水分别加入上述各支试管中,并用合适的混匀法将其混匀。

4. 将实验中使用过的玻璃仪器清洗干净。

## 思 考 题

1. 何谓有效数字？ 123.0、12.3、0.123、0.01230 各有几位有效数字？

2. 1ml 刻度吸量管的最小刻度为 0.01ml，有效数字应读至小数点后第几位？

3. 用 2ml 蒸馏水洗一支试管，用 2ml 洗 1 次与用 1ml 洗 2 次，哪种方法洗得比较干净？为什么？

（刘美玲）

# 第三章 常用仪器的使用

## 第一节 分光光度法的基本原理及分光光度计的使用

分光光度法是基于物质对不同波长的光波具有选择性吸收这一特性建立的。它利用单色器获得单色光来测定物质对光的吸收能力，具有灵敏、精确、快速和简便等特点，在复杂组分的系统中不需要分离，即能检测出其中所含的极少量物质。利用物质对不同波长的电磁辐射能量的吸收进行各种分光光谱分析，如紫外 – 可见分光光度法、红外吸收光谱法和核磁共振波谱法等，已经成为近代化学和许多其他现代科学研究领域中对物质定量分析和结构研究的重要实验手段。

### 一、分光光度法的基本原理

#### （一）光的基本性质

光是由光量子组成的，属于电磁波，具有波 – 粒二相性。分光光度法所使用的光谱范围为 $200\,nm \sim 10\,\mu m$（$1\,\mu m = 1000\,nm$），其中 $200 \sim 400\,nm$ 为紫外光区，$400 \sim 760\,nm$ 为可见光区，$760 \sim 10000\,nm$ 为红外光区。物质因其结构的差异对特定波长的光线进行选择性吸收，产生其特征性吸收光谱。

#### （二）朗伯 – 比尔定律

光线通过透明溶液介质时，一部分被吸收，一部分透过，这种光波的吸收和透过可用于对物质进行定量及定性分析。朗伯 – 比尔（Lambert-Beer）定律就反映了有色溶液对单色光的吸收程度与溶液浓度及液层厚度间的定量关系，也是比色分析的基本原理。

Lambert 指出，当一定强度的光线（$I_0$）通过溶液时，如果溶液的浓度一定，则透过光线的强度（$I$）随所通过溶液厚度（$b$）的增加呈指数函数的减少，即

$$I = I_0 \times 10^{-\varepsilon b} \tag{1}$$

Beer 指出，当溶液厚度一定时，透过光线的强度随吸收物质的浓度（$C$）的增加呈指数函数的减少，即

$$I = I_0 \times 10^{-\varepsilon C} \tag{2}$$

在（1）和（2）式中，$\varepsilon$ 为常数，它与照射光线的波长和吸收光线物质的性质有关，两式合并得：

$$I = I_0 \times 10^{-\varepsilon bC} \tag{3}$$

将（3）式的指数式改写成对数式，即

$$\lg I/I_0 = -\varepsilon bC \tag{4}$$

式中，$I/I_0$ 称为透光度（transmittancy），以 $T$ 表示，若以百分率表示，则称为透光率（$T\%$）。透光度或透光率是表示光线透过情况的量度，其数值小于 1，若用透光度的负对数来表示，则得到：

$$A = -\lg 1/T = \varepsilon bC \tag{5}$$

式中，$A$ 为吸光度（消光度或光密度），是表示光线被吸收情况的量度，吸光度与被测溶液的浓度（$C$）、溶液的厚度或光程（$b$）的乘积成正比。此关系即为 Lambert–Beer 定律，简称 Beer 定律。式中的 $\varepsilon$ 称为摩尔吸收系数，即溶液浓度为 1 mol/L 时，光程为 1 cm 时，某一波长下的吸光度，为一常数，$\varepsilon$ 值是任何物质在特定波长下吸收光线能力的指标。

## 二、分光光度计的结构

分光光度计一般可根据使用的波长范围分成两类：紫外分光光度计（如国产的 751 型）和可见分光光度计（如国产的 721G 型、722 型）。无论哪一类分光光度计，都包括 5 个基本部件：光源、单色光器、吸收池、检测器和测量仪表。

### （一）光源

光源是能提供所需波长范围的连续光谱，稳定且有足够强度光的装置。分光光度计常用的光源有两种：钨灯和氢灯。钨灯（普通白炽灯）可用以提供可见光光源，其可应用的光谱范围为 320～2 500 nm；氢灯（常用的为低压氢灯）提供紫外光的光源，光谱为 180～375 nm。

### （二）单色器

单色器是将混合光通过棱镜或者光栅分离为单一波长光的装置。

### （三）吸收池

吸收池内放比色杯（比色皿）。比色杯是装待测溶液的容器。一般由透明玻璃制成，吸收紫外光的用石英制成。比色杯的形状多为方形，其大小决定光线通过液层的厚度，有各种不同容量和光程规格，常用的为 10 mm 比色杯，具体情况可根据所测溶液的体积来选择。比色杯上的指纹、油污或壁上的沉积物都会显著影响其透光性，因此，不应使比色杯的光面接触硬物，必须用软绸缎布或擦镜纸擦拭，以免产生划痕从而导致严重的误差。此外，测定完成后不要残留溶液于比色杯内，特别是蛋白质和核酸溶液，这两者易牢固地粘于杯壁，会使以后的测定产生误差。

### （四）检测器

检测器的主要作用是接受透射光信号，以转换成电能，其电流大小与入射光强度成正比，产生的电流经放大后由测量仪表以吸光度或透光度读出。常用的检测器有光电池、光电管、光电倍增管等。

### （五）测量仪表

测量仪表是测定光电池或光电管产生的电流大小的装置，其灵敏度较高。常用的有 3 种测量装置，即电流表、记录器和数字示值读数单元。现代仪器常附有自动记录器，可自动描出吸收曲线。

## 三、分光光度法的定性和定量分析

### （一）用紫外光谱法鉴定化合物

用各种不同波长的单色光分别通过某一浓度的溶液，测定此溶液对每一种单色光的吸光度，然后以波长为横坐标，以吸光度为纵坐标绘制吸光度 – 波长曲线，即吸收光谱曲线（图 3-1）。各种物质有其一定的吸收光谱曲线，因此，利用吸收光谱曲线图可以进行物质种类的鉴定。当一种未知物质的吸收光谱曲线和某一已知物质的吸收光谱曲线一样时，则很可能它们是同一物质。一定物质在不同浓度时，其吸收光谱曲线中峰值的大小不同，但形状相似，即吸收高峰和低峰的波长是一定不变的。紫外线吸收是由不饱和结构造成的，含有双键的化合物表现出吸收峰。紫外吸收光谱比较简单，同一种物

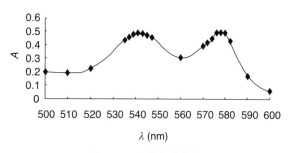

图 3-1　吸收光谱曲线

质的紫外吸收光谱应完全一致，但具有相同吸收光谱的化合物其结构不一定相同。除了特殊情况外，紫外吸收光谱不能完全决定一个未知物结构，必须与其他方法配合，才能确定。紫外吸收光谱分析主要用于已知物质的定量分析和纯度分析。

### （二）测定溶液中物质的含量

可见或紫外分光光度法都可用于测定溶液中物质的含量。具体有两种方法：

1. 标准样品对比法

设同一物质的两种不同浓度的溶液，其浓度分别为 $C_1$、$C_2$，分别盛装在相同厚度的比色杯中，透光厚度 $b$ 相同，用同一个单色光源，测得其吸光度分别为 $A_1$ 和 $A_2$，则有：$A_1 = \varepsilon b C_1$，$A_2 = \varepsilon b C_2$，两式相除得：

$$\frac{A_1}{A_2} = \frac{\varepsilon b C_1}{\varepsilon b C_2} \qquad\qquad \frac{A_1}{A_2} = \frac{C_1}{C_2}$$

即

$$C_1 = A_1 / A_2 \cdot C_2$$

式中，$A_1$ 和 $A_2$ 都为已知的实验数据，设 $C_2$ 为已知的标准溶液浓度，则待测溶液的浓度 $C_1$ 即可求出。此式反映出同一物质的两种不同浓度的溶液，盛于相同厚度的比色杯中，用同一单

色光源照射时，两溶液的吸光度与两溶液的浓度成正比关系。

2.标准曲线法

根据 Beer 定律，在分光光度计的测定范围内，可配制一系列已知不同浓度的标准溶液，在特定波长条件下分别测出其吸光度。以 $A$ 为纵坐标，相应的溶液浓度 $C$ 为横坐标，在坐标纸上可做出一条吸光度与浓度成正比且通过原点的直线，称为标准曲线（图 3-2），也称为 $C$-$A$ 曲线。按相同条件处理的未知溶液( 与标准溶液同质 )，只要测得其吸光度，即可由标准曲线上查出相应的浓度值。

标准曲线法比标准样品对比法精确，它可以消除由于种种原因所引起的偏离吸收定律而造成的误差，并可判别待测溶液使用的测定浓度范围。虽然制作标准曲线比较费时，但对于成批样品的测定却有简便、省时的优点，在一般实际工作中广泛采用这种方法。

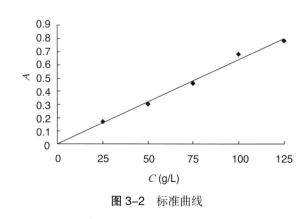

图 3-2　标准曲线

## 四、常用分光光度计的操作方法

分光光度计能在可见光谱区域内对样品物质做定量分析，广泛应用于医药卫生、临床检验、生物化学、石油化工、环境保护及质量控制等部门，也是生化实验室常用的分析仪器之一。以 722E 型分光光度计为例，介绍其操作方法。

### （一）操作步骤

1.开启电源，模式选择按钮置于"T"，关闭样品室盖并将拉杆拉至 1~2 格之间挡板处，使仪器预热 20 min。

2.将装有溶液的比色杯依次放置于比色架中，光面对着光路的方向。

3.关闭样品室盖，调节波长调节旋钮至测试所需波长处。

4.在 1~2 格之间挡板处调节"0%T"旋钮，使数字显示为"0.00"。

5.将盛有空白对照溶液的比色杯置于光路，调节"100%T"旋钮，使数字显示为"100.0"。

6.重复步骤 4、5，直至显示的数值稳定后方可进行待测溶液的测定。

7.将模式按钮置于"A"，分别使待测溶液置于光路中，从显示框中直接读出待测溶液的吸光度（$A$）值，并进行记录。

8.测定完成后，先将模式按钮置于"T"，拉杆拉至 1~2 格之间的挡板处，再打开样品室盖，取出比色杯。关闭电源，并填写仪器使用情况记录。

### （二）注意事项

1.该仪器应放置在干燥房间内，使用温度为 5~35℃，并远离强电场、磁场。

2.比色杯放入比色杯架前，应用软绸绸布或擦镜纸轻轻拭干，擦拭时注意保护透光面，勿产生划痕，否则影响透光度。

3.如果大幅度改变测试波长时，需等数分钟后才能正常工作（因波长由长波向短波或短波向长波移动时，光能量变化急剧，光电管受光后响应较慢，需一段光响应平衡时间）。

4.每一次打开样品室的盖子后都需重新调节 "0%T" 和 "100%T"。

5.当仪器停止工作时，应切断电源，并且用防尘罩盖住仪器，以免积落灰尘和沾污仪器。

# 第二节　离心技术及离心机的使用

离心技术是利用离心机高速旋转时所产生的强大离心力，依据物质的沉降系数、扩散系数及浮力密度的差异对物质进行分离、浓缩和提纯的一项技术。它是生物化学、分子生物学、细胞生物学、遗传工程、化学、制药及食品工业等领域中不可缺少的分离、纯化和分析手段。

## 一、基本原理

### （一）离心力

当离心机转子以一定的速度旋转时，位于离心管内液体中的各种颗粒均会受到一个向外（即颗粒离开轴心的方向）的作用力，这个作用力就是离心力（centrifugal force, $F_c$），其大小可用下列公式表示：

$$F_c = m \cdot r\omega^2 \qquad (1)$$

式中，$F_c$ 为离心力，dy；$m$ 为颗粒的质量，g；$r$ 为颗粒的旋转半径，cm；$\omega$ 为角速度，弧度 / 秒；$r\omega^2$ 为离心加速度，cm/s$^2$。

离心力的大小通常是以相对于地心引力即重力（gravitational force, $F_g$）的大小来表示的，即在离心场中作用于颗粒的离心力 $F_c$ 相当于其重力 $F_g$ 的倍数，也称为相对离心力（relative centrifugal force, RCF），单位是 $g$（重力加速度）。

若以 $N$ 表示离心机每分钟的转数（round per minute, r/min），相对离心力与离心机转速的大小则可计算如下：

$$RCF = \frac{F_c}{F_g} = \frac{m \cdot r\omega^2}{mg} = \frac{r\omega^2}{g} = \frac{r \cdot (2\pi \cdot N/60)^2}{g} = \frac{r \cdot \pi^2 N^2/30^2}{g} = \frac{r \cdot \pi^2 N^2}{900 \times 980} = 1.118 \times 10^{-5} rN^2$$

即
$$RCF = 1.118 \times 10^{-5} rN^2 \qquad (2)$$

需要指出的是，沉降颗粒在离心管中的位置不同，所受的离心力也不同。式（1）和（2）中的 $r$ 在运算时实际上采用的是平均半径，即从离心管液柱的中间到旋转轴中心的距离。

### （二）沉降系数

沉降系数（sedimentation coefficient）是指单位离心力场作用下颗粒沉降的速度，可用以下公式表示：

$$S = \frac{dx/dt}{r\omega^2} \qquad (3)$$

沉降系数的单位用 Svedberg 表示，通常写为 S，$1S = 10^{-13}s$。沉降系数常用来描述生物大分子或细胞器的大小，如碳酸酐酶为 2.85 S，IgG 为 7 S 等。

### （三）沉降速度

沉降速度（sedimentation rate）是指在离心力作用下，单位时间内物质运动的距离。

$$\frac{dx}{dt}=\frac{2r_p^2(\rho_p-\rho_m)r\omega^2}{9\eta} \tag{4}$$

式中，$r$ 为球形粒子直径；$\eta$ 为流体介质的黏度；$\rho_p$ 为粒子的密度；$\rho_m$ 为介质的密度。当 $\rho_p > \rho_m$ 时，颗粒沉降；当 $\rho_p < \rho_m$ 时，颗粒漂浮；当 $\rho_p = \rho_m$ 时，颗粒既不沉降，也不漂浮。

### （四）沉降时间

沉降时间（sedimentation time）是指样品颗粒由起始位置（样品液面）完全沉降到离心管底部所需要的时间，也称澄清时间。颗粒的沉降时间可由下式计算：

$$t=\frac{1}{S}\cdot[\frac{\ln r_2-\ln r_1}{\omega^2}] \tag{5}$$

式中，$t$ 为颗粒沉降时间，s；$S$ 为颗粒沉降系数；$r_2$、$r_1$ 分别为旋转轴中心到离心管底部和到样品颗粒起始位置的距离，cm。中括号内的部分可用常数 $K$ 表示。此时

$$K=St$$

若 $t$ 的单位采用小时（h），而 $1S=10^{-13}$s，则

$$K=\frac{\ln r_2-\ln r_1}{\omega^2}\times\frac{10^{13}}{3600}=2.53\times10^{11}\frac{1}{N^2}\cdot(\ln r_2-\ln r_1) \tag{6}$$

$K$ 为转子的效率因子，它是正确选择和高效率利用转子的重要参数，与转子的大小和转速有关。$K$ 值越低，颗粒沉降的时间越短，转子的使用效率越高。离心时间由实验要求决定。为避免不稳定颗粒的凝聚、挤压损伤或变性失活，在保证分离的前提下，应尽量缩短离心时间；相反，分离某些沉降较快的大颗粒时，往往使用黏度较大的梯度，以阻止颗粒的过度沉降，并延长离心时间。

## 二、离心机的构造

离心机一般包括驱动系统、离心室、转头、冷冻系统、真空系统和操作系统。

### （一）驱动系统

驱动系统主要由电机和转轴组成。电机提供离心的旋转速度，通过皮带将旋转速度传送给转轴。

### （二）离心室

离心室一般由不锈钢制成，能在真空、低温下进行高速旋转，并防止转头发生爆炸而伤

害实验人员。

### （三）转头

转头是将离心管放置在其中并进行离心的地方。自 20 世纪 50 年代至今已有上百种转头出现，超速离心机中常用的转头有固定角度转头、外摆式转头、垂直转头及区带转头等。固定角度转头离心同样的颗粒所需时间较少，适用于差速离心及等密度离心；外摆式转头常用于速度区带离心和等密度离心；垂直转头适用于密度梯度离心；而区带转头则常用于工业生产中。正确地选择转头有利于获得良好的实验结果。

## 三、离心机的分类

离心机的分类方法较多。按其离心转头能达到的最高转速分类，可分为低速离心机（转速在 6 000 r/min 以下）、高速离心机（转速在 25 000 r/min 以下）和超速离心机（转速在 30 000 r/min 以上）。其中超速离心机又根据用途不同，分为制备型超速离心机、分析型超速离心机和制备分析两用型超速离心机。制备型超速离心机主要用于最大限度地从样品中分离出高纯度的所需组分，因其没有附设光学系统，故无法在离心过程中直接观察到颗粒的沉降行为；分析型超速离心机用于研究大分子的沉降特征，附设有光学系统和电脑，可将大分子的沉降行为以扫描或照相的形式记录下来。近年来出现了制备分析两用机，通过更换转头和安装光学附件即可进行分析工作。

## 四、离心方法

根据待分离样品理化性质，离心方法可分为差速离心法和密度梯度离心法。

### （一）差速离心法

差速离心法（differential velocity centrifugation）是指通过逐渐增加离心速度，用不同的离心力将沉降速度不同的颗粒分批分离的方法，一般用于分离沉降系数相差较大的颗粒，主要用于分离细胞器和病毒。例如，在分离组织匀浆中的细胞器时，首先用较低的离心速度（如 1 000 r/min，10 min）将体积最大或密度最高的颗粒（如细胞核）沉淀下来，吸出上清液（含有尚未沉淀的悬浮颗粒，如线粒体、溶酶体等），再将此上清液以更高的离心速度（如 10 000 r/min，30 min）沉淀较小的颗粒（如线粒体、溶酶体等）。这样通过多次分级分离处理，即能把组织中各种细胞器较好地分开。其优点是操作简便、省时，可用于大量样品的粗分；缺点是分离效果较差，不能一次得到纯颗粒，且沉降系数差别较小的颗粒不易分离。

### （二）密度梯度离心法

密度梯度离心法（density gradient centrifugation）是指将样品置于一个平缓的介质梯度中进行离心沉降，在一定的离心力作用下将各组分的颗粒分配到梯度液中相应的位置上，形成不同区带的分离方法。这种方法适合于密度相似的多种样品的分离，具有分离效果较好、适用范围广、颗粒不会挤压变形并保持颗粒的活性等优点，其缺点是离心时间较长、需要制备梯度介质、操作严格、不易掌握等。密度梯度离心法又包括速度区带离心法和等密度离心法，其中等密度离心法又分为预制梯度等密度离心法和自成梯度等密度离心法。

## 五、常用离心机的操作方法

离心机属常规实验室仪器，广泛用于生物、化学、医药等科研、教育和生产部门。以低速离心机（图 3-3）为例，介绍其操作方法。

### （一）操作步骤

1.打开机器电源开关，开启离心机盖，选择并安装好合适的转头及离心管支架。

2.将每一对装有待离心样品的离心管放入离心套筒，并在天平上平衡。

3.将平衡好的每一对离心管及套筒呈中心对称放置于离心机中，盖紧离心机盖。

4.设置好所需要的离心转速及时间，打开启动开关开始离心。

5.离心完成后打开离心机盖，取出离心管，将内腔及转头擦拭干净。

图 3-3 低速离心机

6.关闭离心机盖，切断电源，填写仪器使用情况记录。

### （二）注意事项

离心设备若使用不当，不仅会损坏仪器，造成财产损失，而且还可能会造成安全事故。因此，使用时必须小心谨慎，并注意正确操作。需要注意的问题如下：

1.运行前应检查转头有无腐蚀损伤，严禁在未装转头的情况下空载运行。

2.当转头运行时不要开启离心机盖，不要接触正在运行的转头。

3.放入离心机的样品必须是成对等重的，并且要呈中心对称放置。严禁转头在装载不平衡的状态下运转。

4.离心速度不能超过所规定的转头限定速度，否则会导致离心管爆炸或套筒飞出等事故。离心过程中若发现不正常噪音或振动，应立即停止离心，切断电源。

5.离心机盖上不要放置任何物品，每次使用完毕，务必清理内腔和转头。

6.离心机如较长时间未使用，在使用前应将离心机盖开启一段时间，干燥内腔。

# 第三节 电泳技术及电泳仪的使用

带电粒子在电场中向与其电性相反的电极泳动的现象称作电泳（electrophoresis）。由于样品中各种带电粒子的带电性质、分子大小及形状等存在差异，使其在电场中迁移速度不同，从而可对带电粒子进行分离、纯化和鉴定。

## 一、基本原理

在电场中，带电颗粒受到两种作用力，即电场作用力（$F$）和摩擦力（$f$）。在此，$F=Eq$，$f=6\pi r\eta v$（Stokes 原理，对于柱形分子，$f=4\pi r\eta v$）。式中 $E$ 为电场强度；$q$ 为颗粒净电荷量；$r$ 为球形颗粒半径；$\eta$ 为介质黏度；$v$ 为颗粒泳动速度。在均匀电场中，$F=f$，颗粒做匀速运动，所以 $v=Eq/6\pi r\eta$。

由此可见，在同一电泳条件下，不同的物质将因其分子大小（$r$）和带电量（$q$）的差异而具有不同的泳动速度，因此，电泳一定的时间（$t$）就可互相分离，即 $\Delta d=\Delta v\cdot t$（$\Delta d$ 为泳动距离差；$\Delta v$ 为泳动速度差）。

通常以泳动速度或迁移率（mobility）[$m=v/E$（$cm^2\cdot V^{-1}\cdot s^{-1}$）]，即单位电场强度下的泳动速度来表示物质的电泳性质，因此，可以鉴定物质。

## 二、影响电泳迁移率的因素

### （一）电场强度

电场强度（field strength, E）以每一厘米距离的电势差计算，也称为电势梯度（potential gradient）。通常电场强度是指支持介质的平均电场强度，即 $E=U/l$（V/cm）（$U$ 为电压，$l$ 为支持介质长度）。实际上电场强度是不均匀的，因为 $I=U/R$（$R$ 为总电阻），因此，当 $R$ 一定时，如果 $U$ 增大，则带电粒子泳动速度加快，但由于 $I$ 增大，会产生大量热，可导致区带扩散、样品失活、缓冲溶液蒸发加快以致性质改变以及烧坏支持介质等。因此，当需要增大电场强度以缩短分离时间时，要注意防止产热增多而对电泳结果造成影响。

### （二）溶液的 pH

溶液的 pH 决定被分离物质的解离程度、带电性质及所带的净电荷量。如蛋白质，当溶液 pH 小于蛋白质的等电点( pI )时，蛋白质带正电荷，在电场中向负极移动；当溶液 pH 大于 pI 时，蛋白质带负电荷，在电场中向正极移动；当溶液 pH 等于 pI 时，蛋白质净电荷为零，在电场中不移动。溶液 pH 离 pI 越远，蛋白质所带的净电荷越多，迁移速度越快。因此，在电泳时应根据待分离样品的性质，选择合适 pH 的缓冲液。

### （三）溶液的离子强度

缓冲液中的离子浓度过低，会降低缓冲液的总浓度及缓冲容量，不易维持溶液 pH 恒定，进而影响样品颗粒的带电量，改变其泳动速度。而离子浓度过高，则降低蛋白质的带电量（压缩双电层，降低 zeta 电势），使电泳速度减慢。溶液离子强度的计算公式为：$I=1/2\sum C_i Z_i^2$（$I$ 为离子强度，$C_i$ 为离子的摩尔浓度，$Z_i$ 为离子的价数）。可以看出，多价离子将使缓冲液离子强度增高，所以电泳缓冲液常用单价离子的化合物配制。

### （四）电渗

电渗（electroosmosis）是指在电场中，液体分子对固体支持物的相对移动的现象。由于电渗现象往往与电泳同时存在，所以带电离子的移动距离会受到电渗因素的影响。电渗产生的主要原因是由于固体支持物多孔且带有可解离的化学基团，可吸附溶液中的正离子或负离子，使溶液带负电荷或正电荷。例如滤纸上的纤维素含有羟基而带负电荷，与纸接触的水溶液带正电荷，向负极移动。若带电粒子原来在电场中向负极移动，结果其实际速度要比固有速度快，因为电泳方向与电渗方向一致，则实际电泳距离等于电泳距离加上电渗的距离。反之，若电泳方向与电渗方向相反，则实际速度会比固有速度慢。因此，电泳时应尽可能选择电渗作用低的支持物以减少电渗的影响。常用支持介质的电渗作用见表 3-1。

表 3-1　常用支持介质的电渗作用

| 支持介质 | 表面基团 | 电渗作用 |
| --- | --- | --- |
| 滤纸 | 羟基 | 明显 |
| 醋酸纤维素薄膜 | 酰基 | 很小 |
| 琼脂 | 磺酸基、羟基 | 明显 |
| 琼脂糖 | 羟基 | 很小 |
| 聚丙烯酰胺 | 酰胺基 | 无 |

## 三、电泳分类

　　根据电泳中是否需要支持介质，电泳分为自由电泳和区带电泳。自由电泳不使用支持介质，电泳可直接在缓冲溶液中进行；区带电泳都使用支持介质，根据支持介质不同，又可分为滤纸电泳、薄膜电泳、薄层电泳和凝胶电泳等。

　　根据电泳时电压的高低，电泳分为高压电泳和常压电泳。高压电泳使用的电压为 500～1 000 V，适用于小分子化合物的快速分离；常压电泳使用的电压在 500 V 以下，是医学检验中常使用的电泳分析技术。

　　根据结合配套的技术种类不同，电泳分为免疫电泳、层析电泳、等电点聚焦电泳和双向电泳等。

## 四、一般电泳技术

### （一）仪器

　　电泳装置主要包括两个部分：电泳仪和电泳槽。电泳仪能提供稳定的、一定功率的直流电，在电泳槽产生电场，驱动带电粒子的迁移。一般低压电泳所用的电泳仪输出电压为 0～500 V，电流为 0～15 mA，能够恒压或者恒流即可。高压电泳仪则可提供 1 000 V、500 mA 以上的输出，电场强度可高达 200 V/cm，能同时恒压恒流恒功率。电泳槽可以分为水平电泳槽和垂直电泳槽两类（图 3-4、图 3-5）。

### （二）支持介质的选择

　　1. 滤纸

　　纸电泳是最简单、廉价的电泳技术，主要用于氨基酸、肽类、蛋白质、核苷酸、核酸及

图 3-4 水平电泳槽

图 3-5 垂直电泳槽

带电的碳水化合物衍生物等的分离。但其电渗和吸附明显，低压条件下易扩散，分辨率不高。

2.醋酸纤维素薄膜

吸附和电渗作用小，在分离和染色后用清洗剂可使背景变透明，有助于定量分析。在临床检验方面分离血液蛋白（如糖蛋白、脂蛋白和血红蛋白）有特殊用途。但由于其降低了缓冲液量，会产生更大的热量，因此，电泳时应注意避免蒸发而使膜条干燥。

3.凝胶

是用许多粉末状固体（如淀粉、琼脂、聚丙烯酰胺）制成的亲水的半固体状胶体。其具有分子筛效应，可用于分离电荷性质相近但分子形状、大小不同的物质。琼脂是由琼脂糖和琼脂胶组成的复合物，其凝胶含水量大，具有良好的纤维结构、网孔大、阻力小，适用于大分子的分离，多用于等速电泳和免疫电泳，缺点在于电渗作用明显。琼脂糖形成的凝胶含水量高达 98%～99%，电泳速度快，区带整齐，电渗影响很小，分子筛效应不大，广泛用于核酸的分离。聚丙烯酰胺凝胶由高毒性的人工合成化合物制备而成，因其可制成不同孔径的凝胶、吸附能力小且无电渗，特别适合分离蛋白质或核酸的混合物，也可用于一般的原位定量分析和各种类型的组织化学分析。

## （三）操作步骤

1.介质饱和

如果支持物不是凝胶，电泳前需用缓冲液浸泡饱和，以保证介质的导电性，避免样品从原点扩散。薄膜浸泡时要注意防止产生气泡，薄层介质最好以毛细管来进行饱和。

2.加样

依样品成分在缓冲液中的解离性质来选择加样原点。除少数碱性蛋白质（如组蛋白）外，生物大分子的 pI 多偏酸性，一般电泳条件使其带负电，故加样在负极端，样品向正极移动。加样量要适当。在凝胶电泳的样品中通常需加入前沿指示染料，如溴酚蓝，通过此染料的迁移判断其他粒子的泳动情况。

3.电泳

接通电源，选择所需电压，并维持足够的分离时间。应注意防止过热现象发生，必要时可采取冷却措施，特别是聚丙烯酰胺平板电泳和高压电泳。电泳完成后先关闭电源，然后再移出支持介质，必要时需进行固定，避免已分离的样品成分扩散。

4.检测鉴定

如果样品组分具有紫外吸收（如核酸、蛋白质）或者荧光发生性质，或者与某些试剂结合后可产生荧光（如核酸 - 溴化乙锭，氨基酸 -DNS-GI），则可利用紫外光来检测。大多数生物分子是无色的，需经某些试剂处理后才能生成稳定的有色物，再用合适的溶剂去除多余的染料或显色剂后即可进行检测。也可将分离的组分用放射性核素标记，然后做放射自显影或扫描。

5. 定性分析

将已知的纯品与未知样品在相同条件下电泳，比较相对迁移率，可以鉴定样品成分。另一方法是将已分离的样品组分从支持物上释放下来，例如将区带剪切下来，替换染料，或者通过电透析，使样品组分从凝胶中跑出来，然后再进行鉴定。

6. 定量分析

上述定性分析方法可用做定量分析。只要染料的结合是定量的，测定其光密度便可进行定量分析。可将各相应区带的染料洗脱下来测定光密度，也可直接在电泳图谱上用光密度计扫描，通过 Lambert-Beer 定律，即可求得样品组分的含量。

## 五、常用的电泳分析技术

### （一）醋酸纤维薄膜电泳

是以醋酸纤维薄膜作为支持介质，这种薄膜具有泡沫状结构，有很强的通透性，对分子移动阻力很小，对蛋白质样品吸附少，染色后区带清晰，无拖尾现象。又因为薄膜的亲水性较小，所容纳的缓冲液少，电渗作用小，所以分离速度快，电泳时间短，样品用量少，灵敏度高。由于这项技术操作简单、快速、廉价，被广泛用于临床分析检测，是医学和临床检验的常规技术。

### （二）聚丙烯酰胺凝胶电泳

聚丙烯酰胺凝胶电泳（polyacrylamide gel electrophoresis, PAGE）是以聚丙烯酰胺凝胶为支持介质的一种电泳技术，常用来分离蛋白质和小分子核酸。聚丙烯酰胺凝胶由单体丙烯酰胺（acrylamide, Acr）与交联剂甲叉双丙烯酰胺（N, N'-methylene-bisacrylamide, Bis）在催化剂作用下聚合而成。催化剂一般是过硫酸铵（AP），四甲基乙二胺（TEMED）作为加速剂。聚合过程中，TEMED 催化 AP 产生自由基，自由基使丙烯酰胺活化，与 Bis 发生交联作用形成具有三维网状结构的凝胶。改变 Acr 和 Bis 的浓度可调节这种网状凝胶的孔径，一般而言，浓度越大，孔径越小，例如常用于分离血清蛋白的凝胶浓度是 7.5%。

根据凝胶的形状不同，可以将聚丙烯酰胺电泳分为板电泳和圆盘电泳，前者又可分为垂直板电泳和平板电泳。若根据凝胶中的胶浓度、环境的变化，可以分为连续凝胶电泳和不连续凝胶电泳，后者又可分为不连续梯度电泳和连续梯度电泳。一般不连续体系的分辨率较高，目前生化实验室广泛采用不连续电泳。例如在生化微量样品分析中，常用设备要求简单、制备方便、灵敏度较高的不连续梯度圆盘电泳，其结构及组成见表 3-2。

不连续电泳过程中会产生三种分离效应，除了一般电泳都具备的电荷效应外，还具有浓缩效应和分子筛效应。

1. 浓缩效应

由于电泳基质的不连续，使样品在浓缩层中得以浓缩，具体表现为：

（1）凝胶浓度的不连续　凝胶上层为浓度低、孔径大的浓缩胶，下层为浓度高、孔径小

表 3-2　聚丙烯酰胺凝胶的不连续体系

| 编号 | 名称 | 离子成分 | pH | $T$ |
|---|---|---|---|---|
| 1 | 样品层 | – | – | – |
| 2 | 浓缩层 | 较高浓度 Tris-HCl | 6.7 | 2.5% |
| 3 | 分离层 | 高浓度 Tris-HCl | 8.9 | 7.5% |
| 4 | 电泳缓冲液 | 低浓度 Tris-HCl | 8.3 | – |

的分离胶。蛋白质分子从大孔径进入小孔径胶后，受到的阻力大，移动速度减慢。

（2）缓冲液离子成分的不连续　缓冲体系中有三种不同的离子：① 具有较大迁移率、在电泳中走在最前面的前导离子；② 与前导离子带有同种电荷，但迁移率较小的尾随离子；③ 与前两种带有相反电荷的缓冲平衡离子。前导离子只存在于凝胶中，尾随离子只存在于电泳缓冲液中，而缓冲平衡离子在凝胶和缓冲液中都存在。

（3）pH 值的不连续　浓缩胶和分离胶的 pH 是不连续的，一般浓缩胶的 pH 为 6.8，分离胶的 pH 为 8.9。pH 不连续可以控制尾随离子的解离，从而控制其迁移率。在浓缩胶中尾随离子的迁移率会低于所分离样品的迁移率，使样品夹在前导离子和尾随离子之间被浓缩。例如，分离蛋白质样品时，凝胶中的 $Cl^-$ 为前导离子，缓冲液中的 $Gly^-$ 为尾随离子，$Tris^+$ 为缓冲平衡离子。电泳开始后，在凝胶与缓冲液间的界面上，$Cl^-$ 有效迁移率大，$Gly^-$ 有效迁移率小（有效迁移率＝迁移率 × 弱电解质的解离度），$Cl^-$ 很快离开 $Gly^-$ 向下迁移，并且在此 pH 缓冲液中，蛋白质样品的有效迁移率介于 $Cl^-$ 和 $Gly^-$ 之间，即蛋白质（Pr）的迁移率满足：$Cl^->Pr^->Gly^-$。

（4）电位梯度的不连续　电位梯度的高低影响电泳速度。电泳开始后，由于前导离子的迁移率大，在其后方形成了一个低离子浓度的区域（即低电导区）。由 $E＝I/k_e$（$E$ 为电位梯度，$I$ 为电流强度，$k_e$ 为电导率）可知，电导与电位梯度成反比，低电导区会产生较高的电位梯度，而高电位梯度会使蛋白质和尾随离子在前导离子后加速移动，所以高、低电位梯度间形成了一个迅速移动的界面，进而导致蛋白质被压缩成极窄的区带。上述的蛋白质分离中，$Cl^-$ 的加速前移会使其后方产生一个高的电位梯度，从而使 $Gly^-$ 加速前移，这样就使得中间的蛋白质得以压缩。

2. 分子筛效应

分离胶的 pH＝8.9，与 Gly 的 $pK_{a_2}＝9.70$ 相近。此时 $Gly^-$ 的解离度增大，有效迁移率增大，泳动速度加快，$Gly^-$ 会迅速超过 $Pr^-$，浓缩效应消失。同时，由于分离胶的浓度大，网状孔径小，蛋白质会受到阻滞作用。相对分子量大且形状不规则的分子受到的阻力大，泳动速度慢；相对分子量小且形状规则的分子受到的阻力小，泳动速度快，这样就可以把不同的蛋白质颗粒依据其分子大小和形状不同进行分离。

3. 电荷效应

在分离胶中，分子量大小相近的蛋白质颗粒还可依据其所带电荷数量的多少进一步分离。带电荷数量越多，则泳动速度越快。

### （三）琼脂糖凝胶电泳

琼脂糖凝胶电泳是用琼脂糖或琼脂粉作为支持介质的电泳技术。由于凝胶含水量大，近似于自由界面电泳，受固体支持介质影响小，因此，具有电泳速度快、区带整齐、分辨率高、可用紫外检测仪测定等优点。这种技术常用于研究核酸等大分子物质，是分子生物学研究中不可缺少的技术之一。

### （四）蛋白质等电点聚焦电泳

蛋白质等电点聚焦电泳是根据两性物质等电点不同而进行分离的一种电泳技术，分辨率高，主要用于蛋白质的分离分析，也可用于纯化制备。其原理是在凝胶中加入两性电解质形成不连续的 pH 梯度，两性物质在电泳过程中会自动集中在与其等电点相应的 pH 区域内，从而得以分离。以蛋白质为例，使电泳管中形成一个 pH 梯度，使 pH 从正极向负极逐渐增加。将某种蛋白质（或多种蛋白质）样品置于负极端时，因 pH＞pI，故蛋白质分子带负电，向正极泳动。在泳动过程中，由于 pH 逐渐下降，蛋白质所带的负电荷量逐渐减少，迁移速度也随之变慢。当移动到 pH＝pI 处时，蛋白质净电荷为零，其停留并停止泳动。同样，如把同种蛋白质分子放在电泳管的正极端时也会得到同样的结果。

### （五）SDS– 聚丙烯酰胺凝胶电泳（SDS–PAGE）

SDS-PAGE 是在电泳分析样品中加入含十二烷基磺酸钠（SDS）和 β- 巯基乙醇的样品处理液。SDS 是阴离子表面活性剂，其与蛋白质充分结合后会引起蛋白质变性、解聚，并带大量同种负电荷，形成棒状结构；使 β-巯基乙醇二硫键断裂，破坏蛋白质的四级结构。经处理液处理后的蛋白质具有相同的电荷密度和形状，电泳时只能按分子量大小靠凝胶的分子筛效应进行分离，分子量越大，阻力越大，泳动速度越慢；反之，泳动速度越快。因此，SDS-PAGE 是最常用的分离和分析蛋白质的电泳方法，不仅可用于蛋白质纯度检测，也是一种十分有用的测定蛋白质分子量的方法。

### （六）双向凝胶电泳

由于等电点或分子量相似、或等电点和分子量互补作用等原因，在一次凝胶电泳中不能将一些复杂的混合样品中所含的组分全部分开，因此，常在不同 pH 或不同浓度的凝胶介质上进行第二次电泳，进而使上百种蛋白质混合物得到分离。双向电泳技术结合了等电点聚焦电泳技术和 SDS-PAGE 电泳技术的优点，是分离和分析蛋白质最有效的一种电泳手段，分辨率较高。

电泳过程中，通常第一向电泳是根据不同蛋白质的等电点不同，用等电点聚焦电泳技术进行分离，第二向电泳则是根据各个蛋白质分子量大小不同，用 SDS-PAGE 进行分离。这样各个蛋白质根据等电点和分子量的大小不同被分离，最高可从电泳图谱上分辨出 5 000～10 000 个斑点，可见其具有极高的分辨率。这项技术是当前分子生物学研究领域中常用的技术，广泛用于原核和真核生物蛋白质的分离和鉴定。

## 六、蛋白质固定和染色方法

经醋酸纤维素薄膜、琼脂糖及聚丙烯酰胺凝胶电泳分离的各种生物分子需用染色法使其在支持介质的相应位置上显示出区带，从而检测纯度、含量及生物活性等。

### （一）氨基黑 10B 染色

氨基黑 10B 是酸性染料，是最常用的蛋白质染料之一，但对 SDS-PAGE 分离的蛋白质染色效果不好。本法优点是灵敏度高,但氨基黑 10B 染不同蛋白质时,着色度不等、色调不一(有蓝、黑、棕等),定量时误差较大。

### (二)考马斯亮蓝染色

考马斯亮蓝的染色灵敏度高于氨基黑 10B,SDS-PAGE 分离的蛋白质经甲醇、冰醋酸固定后,可用考马斯亮蓝染色。考马斯亮蓝可与蛋白质非特异性地结合,但不结合 PAGE,在干净的胶面上,蛋白质显示为清楚的蓝色条带,非常简单、快速。

### (三)溴酚蓝染色

溴酚蓝染色法的主要缺点是灵敏度低,某些分子量低的蛋白质可能染不出来,如溴酚蓝染色法不能染出核糖核酸酶区带。

### (四)银染法

银染法的机制是以银离子或氨银络离子形式渗入凝胶中与蛋白质(或 SDS- 蛋白质复合物)结合或附于蛋白质分子表面,然后用甲醛作为还原剂使金属银析出,呈现出棕黄色蛋白质的条带斑点。该法可应用于聚丙烯酰胺凝胶电泳,其染色效果比考马斯亮蓝染色的灵敏度高 50 ~ 100 倍,只需要极少量蛋白质就可进行分析,也可排除分析中的假阳性现象。

## 七、电泳仪操作方法

以 DYY- Ⅱ型电泳仪为例(图 3-6),介绍电泳仪的操作方法。

### (一)操作步骤

1. 选择好实验所需要的电泳槽,将电泳仪和电泳槽进行正确连接。

2. 根据实验要求选择"稳压或稳流",并根据实验中所需要的电压或电流大小选择好合适的电压或电流档位(电压有 120 V/600 V 两档;电流有 25 mA/100 mA 两档)。

3. 检查调节旋钮是否调到最小,若没有,则需将调节旋钮调到最小,然后再开启电源开关。

图 3-6 DYY- Ⅱ型电泳仪

4. 旋转调节旋钮,将电压或电流调至所需要的数值,开始电泳。

5. 电泳完成后,先将调节旋钮调至最小,待电压或电流数值指针回到零位后再关闭电源开关。填写仪器使用情况的记录。

### (二)注意事项

1. 电泳槽每次使用完毕后应当及时清理干净。

2. 设定最大电压或电流时注意不能超过电泳仪本身的限度,否则容易造成电泳失败甚至损坏电泳仪。

3. 电泳仪 / 电泳槽通电进入工作状态后，禁止人体接触电极、电泳物及其他可能带电部分，也不能到电泳槽内取放物品，如需要取放物品应先断电，以免触电。

4. 某些特殊情况下需检查仪器电泳输入情况时，允许在稳压状态下空载开机，但在稳流状态下必须先接好负载再开机，否则电压表指针将大幅度跳动，容易造成不必要的人为机器损坏。

5. 使用过程中发现异常现象，如较大噪音、放电或异常气味，须立即切断电源，进行检修，以免发生意外事故。

# 第四节 层 析 技 术

层析技术（chromatography）又称为色谱技术，它是利用混合物中各组分的理化性质（如吸附力、溶解度、分子形状、分子大小和分子极性等）的差异，使各组分在支持物上集中分布于不同部位，从而得以分离的方法。这项技术目前广泛应用于医药卫生、生理生化、石油化工、化学分析及能源环保等领域，是一项重要的分离技术。

## 一、基本原理

所有层析系统都必须包括两相，即固定相（stationary phase）和流动相（mobile phase）。固定相可以是固体物质，也可以是固定于固体物质上的某些成分，其位置是固定不动的。流动相可以是液体（如水或各种有机溶剂），也可以是气体，前者称为液相色谱，后者称为气相色谱，流动相相对于固定相做单向运动，并带动所分离的组分向前移动。液相色谱广泛应用于生物化学研究，而气相色谱由于其流动相是气体，而待分离的许多生物样品不易挥发、不耐热，因此，它在生物化学中的应用受到一定的限制。当待分离的混合物进入层析系统时，混合物各组分随着流动相通过固定相,由于各组分的理化性质存在差异,与两相的相互作用（吸附、溶解、结合等）的能力不同,在两相中的分配（含量比）不同,这样随着流动相的不断前移,各组分就不断在两相中进行再分配。与固定相相互作用力较弱的组分，移动时受到的阻力较小，前移速度快；反之，则移动速度慢，从而可达到分离的目的。

## 二、层析技术分类

按层析两相的状态不同进行分类，如以气体为流动相的称为气相层析，以液体作为流动相的称为液相层析。由于固定相也有液体和固体之分，故气相层析还可分为气 – 液和气 – 固层析两种形式，液相层析可分为液 – 液和液 – 固层析两种形式。

按固定相使用形式不同进行分类,可分为柱层析法（固定相装在层析柱中）、纸层析法（以滤纸及其吸附水为固定相）和薄层层析法（将吸附剂粉末制成薄层作固定相）。

按分离原理不同，又可将层析法分为吸附层析法（利用吸附剂对不同组分吸附性的差异进行分离）、分配层析（液体为固定相，利用不同组分在固定相与流动相中的溶解度不同进行分离）、离子交换层析法（利用固定相对各组分亲和能力的差异进行分离）以及凝胶层析法（利用多孔性物质对大小不同组分的排阻差异进行分离）、亲和层析（利用各组分与固定相表面的配位基进行专一性的结合而进行分离）。

## 三、主要层析技术

### （一）凝胶层析

凝胶层析（gel chromatography）是指在凝胶柱上根据混合物中各分子的大小和形状差异，利用固定相凝胶对不同组分运动时的阻碍作用大小不同，使分子量大小不同的组分得以分离的方法，也称为分子筛层析或凝胶过滤。

1. 层析柱

是柱层析的基本器材，柱体一般用玻璃管或有机玻璃管制成，管底部放置玻璃纤维或砂芯滤板。层析柱的体积视具体实验需要而定，直径一般为 1~5 cm，高度为直径的 20~100 倍。

2. 凝胶

是由胶体溶液凝结而成的固体物质，它的内部具有很微细的多孔网状结构，能产生分子筛作用。现在常使用的凝胶主要有三种：

（1）交联葡聚糖凝胶（Sephadex）　由交联剂 1- 氯代 -2，3- 环氧丙烷交联而成。葡聚糖凝胶有较大的吸水性，吸入后膨胀呈透明状且具有三维网状结构的弹性颗粒。其孔隙的大小由加入的交联剂决定，加入的交联剂多，网状结构的孔隙就小，吸水量也小，反之则孔隙大。葡聚糖凝胶的型号常以吸水量的 10 倍表示，即每克干胶吸水克数的 10 倍定为 G 类葡聚糖凝胶型号的标号，如某种葡聚糖凝胶每克干粉吸水量为 5 g，则该葡聚糖凝胶的型号为 G-50。

（2）聚丙烯酰胺凝胶　聚丙烯酰胺由 N, N- 甲叉双丙烯酰胺聚合而成，交联剂越多，孔隙越小，其应用效果与葡聚糖凝胶相似。

（3）琼脂糖凝胶　琼脂糖凝胶主要依靠糖链间的次级键（如氢键）形成网状结构，其结构的疏密依靠琼脂糖浓度的改变来控制。它的特点是机械性能好、分子量适用范围广、吸附生物大分子的能力最小，因此，它常用于分离生物大分子。

3. 分子筛原理

在层析柱中填充适当的凝胶颗粒，并将预分离的混合物加入柱内。因凝胶颗粒孔隙的大小有一定范围，在层析过程中，分子量小的能透入凝胶内部，随流动相移动时因受到凝胶微孔的阻滞而流速减慢，流程加长，较晚流出柱床；分子量大的分子不易进入凝胶微孔内，仅能从颗粒之间的隙缝中通过，流速快，较早流出柱床。因此，不同组分因其分子量大小不同而产生差速前移，从而达到分离的目的。

4. 操作要点

凝胶层析的主要步骤包括：凝胶的选择与处理、柱的选择及装填、加样与洗脱以及凝胶的回收与干燥（具体内容见实验部分）。

5. 应用

凝胶层析可用于以下方面：去除大分子物质（如蛋白质、核酸、多糖等）溶液中的小分子杂质；大分子溶液的浓缩；酶、蛋白质、氨基酸、多糖、激素及抗生素等物质的分离和提纯；测定大分子物质的相对分子质量等。

### （二）离子交换层析

离子交换层析（ion-exchange chromatography）是利用不同组分对离子交换剂亲和力（静电引力）不同而进行分离的层析技术。

**1. 离子交换剂**

离子交换层析的固定相是离子交换剂，它是由一类不溶于水的惰性大分子聚合物基质，通过一定的化学反应与某种电荷基团共价结合而形成的。根据不同的性质，离子交换剂有以下几种不同的分类方式：①根据可交换离子的性质，可分为阳离子交换剂和阴离子交换剂；②根据离子交换剂的化学本质，可分为离子交换树脂、离子交换纤维素和离子交换葡聚糖等几种；③根据各种离子交换剂所带酸性和碱性功能团的不同和其解离能力的差异，可分为强酸型、弱酸型、强碱型和弱碱型四种。

**2. 基本过程**

流动相是具有一定 pH 和一定离子强度的电解质溶液。离子交换剂经适当处理装柱后，先用酸或碱处理（视具体情况可用一定 pH 的缓冲液处理），使离子交换剂变成相应的离子型（阳离子交换剂带负电并吸引 $H^+$，阴离子交换剂带正电并吸引 $OH^-$）。加入样品后，使样品与交换剂所吸引的相反离子（$H^+$ 或 $OH^-$）进行交换，样品中待分离物质便通过离子键结合于离子交换剂上。然后用基本上不会改变交换剂对样品离子亲和状态的溶液（如起始缓冲液）充分冲洗，使未吸附的物质洗脱。洗脱待分离物质时常用的有两种方法：一是制作电解质浓度梯度，即离子强度梯度，通过不断增加离子强度，促使结合到离子交换剂上的物质根据其静电引力的大小而不断竞争性地解脱下来；二是制作 pH 梯度，影响样品电离能力，也使离子交换剂与样品离子亲和力下降，当 pH 梯度接近各样品离子的等电点时，该离子就被洗脱下来。在实际工作中，离子强度梯度和 pH 梯度可以是连续的（称梯度洗脱），也可以是不连续的（称阶段洗脱）。一般来讲，前者的分离效果比后者的分离效果理想。梯度洗脱需要梯度混合器来制作离子强度梯度或 pH 梯度。

**3. 应用**

离子交换层析技术是化学、生物学领域中常用的一种分离技术，广泛应用于各种无机离子、有机离子以及核酸、多糖、蛋白质等大分子离子的分离和分析。

### （三）亲和层析

亲和层析（affinity chromatography）是利用待分离物质和它的特异性配体之间具有特异的亲和力，从而达到分离目的的一类层析技术，又称功能层析（functional chromatography）、选择层析（selective chromatography）或生物特异吸附（biospecific adsorption）。

**1. 基本原理**

大多数生物大分子化合物都具有和某些相对应的专一分子发生可逆性结合的特性，例如酶与底物（或其辅酶、辅助因子、竞争性抑制剂等）通过某些次级键相互结合，并在一定条件下又可解离，其他如抗原 - 抗体、激素 - 受体、RNA 与其互补的 DNA 等也都具有类似的特性。生物分子间的这种特异的可逆结合能力称为亲和力。用化学方法将能与生物大分子进行可逆性结合的物质（称为配体）通过共价键结合到某种固相支持物（称为载体）上，制成特异性吸附剂，并用这种吸附剂装柱（层析柱），然后将样品通过该层析柱，能与配体特异结合的生物大分子便被结合在柱上，而其他物质（包括其他蛋白质和杂质）则不被结合而全部流出。

经过冲洗层析柱而除去这些不能结合的杂质后，再用适当缓冲液将专一结合在柱上的生物大分子洗脱下来，从而达到分离、提纯的目的。

2. 载体

使配体固相化的水不溶性化合物称为载体。亲和层析所用的载体要求化学性质稳定、不带电荷、非特异性吸附小、有疏松的网状结构和良好的机械强度、颗粒均匀以便提高流速等。常用的载体有纤维素、聚丙烯酰胺、交联葡聚糖、琼脂糖及多孔玻璃珠等，其中以琼脂糖凝胶微球 4B 型（即含琼脂糖 4% 凝胶）应用最普遍。并且对于这种多糖类载体，常用溴化氰（CNBr）活化，使多糖上的部分羟基变成活泼的基团，进一步可与蛋白质或其他具有氨基的化合物（以及一些具有其他基团的化合物）迅速结合，使配体结合在固相载体上。

3. 基本步骤

（1）寻找能与被分离分子识别和可逆结合的专一性物质——配体。

（2）把配体共价结合到层析介质（载体）上，即把配体固相化。

（3）把载体 - 配体复合物灌装在层析柱内制成亲和柱。

（4）加样亲和、洗涤杂质、洗脱收集亲和分子（配体）及亲和柱再生。

4. 应用

亲和层析的操作简便、分离率高、特异性高且实验条件温和，适用于分离相对含量低，杂质与纯化目的物之间的溶解度、分子大小、电荷分布等理化性质差异较小，其他经典手段分离有困难的大分子化合物，特别是对于某些不稳定的大分子物质的分离极为有效。

## （四）吸附层析

吸附层析（adsorption chromatography）是混合物随流动相通过吸附剂组成的固定相时，由于吸附剂对不同物质有不同的吸附力而使混合物分离的方法。根据操作方式的不同，吸附层析分为柱层析与薄层层析两种。

1. 主要原理

以柱层析为例，在柱层析中，层析柱内装填适当的吸附剂，将混合物加到层析柱上端后，以一定的流速通入适当的洗脱剂（流动相），洗脱剂向下流动的过程中，混合物中的各个溶质由于在固定相上的吸附平衡行为不同，具有不同的迁移速度，随着洗脱时间的推移而逐渐分开，最后以彼此分离的层析带出现在层析柱出口，通过检测器可检测到各层析带的浓度分布曲线（层析峰）。吸附作用小的物质移动速度快、洗脱时间短；反之，吸附作用大的物质则移动速度慢、洗脱时间长。

2. 吸附剂与洗脱剂

吸附层析的关键是吸附剂（固定相）和洗脱剂（流动相）的选择。吸附剂应具有表面积大、颗粒均匀、吸附选择性好、稳定性高、成本低等特点。应用最广泛的吸附剂是硅胶、氧化铝和活性炭等，例如硅胶，其吸附能力和含水量关系极大，硅胶吸水后，吸附能力下降，常用于分离非极性和极性不强的有机物，如甘油酯、磷脂、胆固醇等。实验中视分离物质的种类与要求选用适当的吸附剂。洗脱剂应具有黏度小、纯度高、不与吸附剂或吸附物起化学反应、易与目标分子分离等特点。常用的洗脱剂如乙烷、苯、乙醚、乙酸乙酯、丙酮、乙醇及甲醇，其洗脱能力依次降低。

3. 薄层层析

薄层层析是吸附剂在玻璃板上均匀地铺成薄层作为固定相，把待分析的样品点加到薄层上,然后用适当的溶剂(流动相)展开,而达到分离、鉴定的目的。该技术的优点在于设备简单、操作方便、层析展开时间短、温度变化和溶剂饱和度影响小、分离效率高等。

薄层层析的步骤包括制板、点样、展开、显色、$R_f$ 值测定和结果分析等。制板是将固定支持物均匀涂布在玻璃板上,形成薄层。如果不加黏合剂,将吸附剂干粉直接均匀铺在玻璃板上制备而成的称为软板,其制作简单方便,但是易被吹散;硬板则是用黏合剂如水或其他液体,将吸附剂调成糊状再铺板,经干燥后才能使用,制备虽然较繁琐,但易于保存。点好样品后,将薄板置于密闭容器中,让其中预先放置好的展层剂使其达到饱和。展层结束后,将样品烘干,喷洒适当的显色剂或放于紫外灯下进行荧光显色。若需定量,则要在展开后将该组分的斑点连同吸附剂一起刮下,然后将该组分从吸附剂上洗脱下来,收集洗脱液进行定量测定。

### (五)分配层析

分配层析(partition chromatography)是利用混合物中各组分在两相中分配系数不同而达到分离目的的层析技术,相当于一种连续性的溶剂抽提方法。载体在分配层析中只起负载固定相的作用。在分配层析中,固定相是极性溶剂(例如水、稀硫酸、甲醇等)。此类溶剂能与多孔的支持物(常用的是吸附力小、反应性弱的惰性物质,如淀粉、纤维素粉、滤纸等)紧密结合,使呈不流动状态;流动相则是非极性的有机溶剂。

1.分配系数

分配系数是指一种溶质在两种互不相溶的溶剂系统中达到分配平衡时,该溶质在两相(固定相和流动相)中的浓度比,用 $K$ 表示。

$$K(分配系数)=\frac{K_1(组分在固定相中的浓度)}{K_2(组分在流动相中的浓度)}$$

2.纸层析

是应用最广泛的一种分配层析,因其具有设备简单、价廉、所需样品少、分辨率一般能达到要求等优点,目前已成为一种常用的生化分离、分析方法。该技术可用于物质的分离、定性及定量测定,对氨基酸、肽类、核苷及核酸、糖、维生素、有机酸等小分子物质的分离、提纯较为适宜,但对核酸和蛋白质大分子的分辨率不高。

纸层析的装置由层析缸、滤纸和展开剂组成。滤纸是最为理想的支持介质,滤纸纤维中的羟基和水有较强的亲和力,能吸收 22% 左右的水,但滤纸纤维与有机溶剂的亲和力较弱,因此,滤纸上吸附的水常作为固定相。某些有机溶剂如醇、酚等常用作流动相。层析过程中,将待分离物质点样于滤纸一端,使其通过毛细作用沿着滤纸流动的有机溶剂(流动相)进行移动。流过层析点时,由于待分离物质的分配系数不同,层析点的溶质就在水相和有机相之间进行分配,最后逐渐分布到滤纸的不同部位。在固定相中分配趋势较大的成分,在纸上随流动相移动的速率就小,其层析点距原点的位置就较近。反之,在流动相内分配趋势较大的成分,其移动速率就大,层析点位置离原点也远。物质在纸上的移动速率可以用 $R_f$ 表示:

$$R_f=\frac{层析点中心至原点中心的距离}{溶剂前沿至原点中心的距离}$$

各物质在一定溶剂中的分配系数是一定的,其移动速率($R_f$ 值)也恒定,因此,可根据 $R_f$ 值来鉴定被分离的物质。

## 四、透析技术

透析技术是利用专用的半透膜，将其制成袋状，然后将混合样品溶液置于袋内，再将此透析袋放入纯水或缓冲液中，样品溶液中的生物大分子被截留在袋内，而盐和小分子物质不断扩散到袋外，直到袋内、外两侧的浓度达到平衡。

透析的动力是扩散压，其是由膜两侧的浓度梯度形成的，透析的速度反比于膜的厚度，正比于小分子溶质在膜内、外两侧的浓度梯度以及膜的面积和温度，升温可加快透析速度。透析膜可用动物膜或玻璃纸等，但最常用的还是纤维素制成的透析膜，通常其截留的分子量为 1 万左右。

目前，透析技术已成为生物化学实验室最简便、常用的分离、纯化技术之一。在生物大分子的制备过程中，该技术可用于除去盐分、少量有机溶剂及生物小分子杂质等，也可用于浓缩样品。

# 第五节　PCR 技术及 PCR 仪的使用

聚合酶链反应（polymerase chain reaction, PCR）是以母链 DNA 为模板，以特定引物为延伸起点，在 DNA 聚合酶催化下，通过变性、退火和延伸等步骤，在体外复制出与母链模板 DNA 互补的子链 DNA 的过程。它不仅可以用于基因克隆、核酸序列分析，还可用于突变体和重组体的构建、基因表达调控分析、基因多态性分析、遗传病与传染病的诊断、肿瘤机制的探查及法医鉴定等方面。

## 一、基本原理

PCR 技术的基本原理类似于 DNA 的天然复制过程，其特异性依赖于与靶序列两端互补的寡核苷酸引物。PCR 循环过程由变性—退火—延伸三个基本反应步骤构成，首先让待扩增的 DNA 在高温下解链成单链模板；然后让人工合成的两个寡核苷酸引物在低温条件下分别与目的片段两侧的两条链互补结合；最后由 DNA 聚合酶在 72℃将单核苷酸从引物的 3' 端开始掺入，沿模板 5' → 3' 方向延伸，合成 DNA 新链。重复这三个步骤，经过 25 ~ 30 个循环后可使目的基因扩增几百万倍。

## 二、PCR 体系

### （一）模板

PCR 的模板可以是 DNA，也可以是 RNA，若是后者则需要先经过反转录生成 cDNA 后才能进行正常的 PCR。模板的取材主要依据 PCR 的扩增对象，可以是病原体标本如病毒、细菌及真菌等，也可以是病理、生理标本如细胞、血液、羊水等，法医学标本如血斑、精斑及毛发等。模板的含量及纯度对 PCR 结果影响很大，例如若核酸提纯过程中的蛋白酶 K 未去除干净，则会导致聚合酶的降解，进而影响 PCR 的进行；模板量过多也会导致 PCR 反应的特异性下降，从而使实验失败，因此，对于细菌基因组 DNA 模板一般为 1 ~ 10 ng/μl 即可。

### （二）引物

引物决定了 PCR 产物的大小、位置及解链温度。设计引物时需要遵循几个基本原则，即引物与模板序列要紧密互补、引物与引物间要避免形成稳定的二聚体或发夹结构以及引物不能在模板的非目的位点引起 DNA 聚合反应。因此，引物在设计时应注意以下几个方面：

**1.引物长度及碱基含量**

引物长度一般为 15 ~ 30 bp，常用为 20 bp 左右。引物过短会造成 $T_m$ 值过低，在酶反应温度时不能与模板很好配对；而引物过长会使 $T_m$ 值过高，不利于 Taq 酶进行反应。$T_m = 4(G+C) + 2(A+T)$，通常以 G+C 在 40% ~ 60% 为宜，太少会使扩增效果不佳；太多则易出现非特异性扩增区带。四种碱基最好随机分布，避免 5 个以上的嘌呤或嘧啶核苷酸的成串排列。

**2.引物量**

每条引物浓度为 0.1 ~ 1 μmol/L，以能产生所需要结果的最低引物量为好。引物浓度过高会引起非特异性扩增，并且会增加引物间形成二聚体的机会，引物不足将降低 PCR 的效率。

### （三）酶

Taq DNA 聚合酶具有良好的热稳定性，其最适反应温度在 75 ~ 80℃，温度过高（90℃以上）或过低（22℃以下）都会影响其活性。一般的 PCR 中所需酶量为 2.5 U（总反应体积为 50 ~ 100 μl 时），浓度过高会引起非特异性扩增，浓度过低则使产物生成量减少。

### （四）dNTP

dNTP 的质量和浓度与 PCR 的扩增效率有密切关系。dNTP 配制好后应少量分装，并置于 -20℃冷冻保存，随取随用，多次冻融容易使 dNTP 发生降解。在 PCR 中，通常使用的 dNTP 浓度为 50 ~ 200 μmol/L，尤其注意 4 种 dNTP 的浓度要相等，否则易出现错配。浓度不可过低，否则易使 PCR 产物的生成量降低。

### （五）Mg$^{2+}$ 浓度

Mg$^{2+}$ 浓度对 PCR 扩增的特异性和产量有显著影响，特别是对 Taq 酶的影响尤为明显，常用浓度为 1.5 mmol/L。Taq 酶的活性对 Mg$^{2+}$ 浓度非常敏感，过量的 Mg$^{2+}$ 会对酶有抑制作用，降低反应的特异性，而过低浓度的 Mg$^{2+}$ 又会降低 Taq 酶的催化活性，使产物产量降低。由于 Mg$^{2+}$ 能与 dNTP 结合使反应体系中游离的 Mg$^{2+}$ 浓度降低，因此，在不同反应体系中要适当调整 Mg$^{2+}$ 的浓度，一般 Mg$^{2+}$ 浓度至少比 dNTP 总浓度高 0.5 ~ 1.0 mmol/L。

## 三、PCR 步骤

### （一）模板 DNA 的变性

将模板 DNA 加热到 90 ~ 95℃时,双螺旋结构的氢键断裂,解开成单链,以便它与引物结合,为下轮反应做准备。

### （二）模板 DNA 与引物的退火

退火的温度和时间取决于引物与靶序列的同源性程度及寡核苷酸的碱基组成。将反应混合物温度降低至适宜温度（一般较 $T_m$ 低 5℃）时，寡核苷酸引物与单链模板杂交，形成 DNA 模板－引物复合物。

### （三）引物的延伸

DNA 模板－引物复合物在 Taq DNA 聚合酶（72℃左右活性最佳）的作用下，以 dNTP 为反应原料，靶序列为模板，按碱基配对与半保留复制原理，合成一条与模板 DNA 链互补的新链。延伸所需要的时间取决于模板 DNA 的长度。

上述三步为一个循环，新合成的 DNA 分子继续作为下一轮合成的模板，经多次循环（25～30 次）后即可达到扩增 DNA 片段的目的。

## 四、PCR 结果检测

荧光素（溴化乙锭，EB）染色凝胶电泳是最常用的 PCR 结果检测手段。电泳法检测特异性不太高，引物二聚体等非特异性的扩增产物很容易引起误判，但因其简便易行，所以成为主要检测方法。近年来还发展了以荧光探针为代表的检测方法。

## 五、常见的几种 PCR 技术

### （一）反转录 PCR

反转录 PCR（RT-PCR）是以 RNA 为模板进行扩增的。首先要进行反转录产生 cDNA，然后进行常规的 PCR，其关键步骤是 RNA 的反转录，用作模板的 RNA 可以是总 RNA，但不能混有蛋白质、DNA 等，尤其不能混有 RNA 酶。

### （二）PCR-SSCP

相同长度的单链 DNA 因其碱基序列不同甚至单个碱基不同，都可形成不同的空间构象，从而在电泳时速率不同。PCR 产物变性后经 PAGE 分离，不同构象的 DNA 的迁移位置就会不同。用此方法可以鉴定具有相同长度但碱基序列不同的单链 DNA。

### （三）原位 PCR 技术

该技术是将 PCR 技术和原位杂交技术结合而发展起来的一项新技术。具体操作是在福尔马林固定、石蜡包埋的组织切片或细胞涂片上的单个细胞内进行 PCR，然后用特异性探针进行原位杂交，即可检测出待测 DNA 或 RNA 是否在该组织中存在。

### （四）实时 PCR 技术

实时 PCR 是近年来发展起来的一种新的核酸定量分析技术，其原理是引入了荧光标记分子，使 PCR 中产生的荧光信号与 PCR 产物的量成正比，对每一反应时刻的荧光信号进行实时分析，计算出 PCR 产物量。根据动态变化的数据，可以精确地计算样品中原有模板的含量。

## 六、常见 PCR 仪的操作

以 MAXYGEN PCR 仪为例。接通电源后，仪器将会自动检测，显示主菜单。若执行已有程序，则调出已有程序并执行；若使用新的操作程序，则编写新程序或修改已有程序并执行。操作结束回到主菜单并关机。

### （一）编写新程序

在主菜单选择 PRG 后按 ENTER 键，选择 NEW 后再按 ENTER 键。选择拟置入的位置（A/B/C/D/E），然后按 ENTER 键，写入程序使用人的名字和序号，再按 ENTER 键，按提示分阶段、分步骤地写入温度、时间、循环次数等数据，最后按 ENTER 键以结束程序编写后回到主菜单即可。

### （二）修改新程序

在主菜单选择 PRG 后按 ENTER 键，选择 EXISTING 后再按 ENTER 键。选择拟置入程序的位置（A/B/C/D/E），然后按 ENTER 键，查找程序使用人的名字和序号，再按 ENTER 键，按提示分阶段、分步骤地修改温度、时间、循环次数等数据，最后按 ENTER 键以结束程序编写后回到主菜单即可。

### （三）查看已有程序

在主菜单选择 PRG 后按 ENTER 键，选择 VIEW 后再按 ENTER 键，选择已有程序的位置并按提示进行查看。

### （四）执行已有程序

在主菜单选择 RUN 后按 ENTER 键，选择拟执行程序的名字和编号后按 ENTER 键。用"→"键选择系统运行程序时的状态：HOT LID ON（AUTO）/OFF 或者 TUBE/SIM TUBE。再按 ENTER 键，运行程序。

（龙　昱　朱传炳）

# 第四章 血液标本的采集及制备方法

## 一、血液标本的采集

生化检验采血应掌握好采血时间，因为体内的各种化学成分受许多因素调节，如饮食后大量葡萄糖及脂类物质吸收入血,使血糖和血脂上升,游离脂肪酸及无机磷降低；运动后会使乳酸、丙酮酸、乳酸脱氢酶、转氨酶、肌酸激酶等升高,血糖降低；昼夜变化大的成分有皮质醇、血清铁、胆红素等；日间变化大的主要是代谢废物成分如尿素、尿酸等；大量饮水可致血液稀释等。但是,对重症昏迷或急症病例,可随时采血送检糖、钾、钠、钙、血气分析、淀粉酶等项目。在输液时采血应避免送检项目受输液成分的影响,如输液中补钾、补糖、补碱时送检,对血钾、血糖、二氧化碳结合力等项目均有影响。为尽可能排除这些因素的干扰,一般最好在早晨空腹安静时采血,必要时也可在进食 $4 \sim 6h$ 后抽血；对紧急及特殊危重患者可根据需要随时抽血；血脂检查必须空腹 $12h$ 后抽血。

### （一）采集方法

1. 一般生化检验血液标本,常用静脉抽血。
2. 需用血清标本做生化检验者,采血后注入洁净干燥的玻璃试管中,待其凝固后分离血清；如需用血浆或全血者,取血后,注入盛有适当抗凝剂的试管或小瓶中,加塞轻轻混匀,以免血液凝固；如作气体分析及 pH 测定,应尽量避免血液与空气接触,并尽快检验,有时还要用特殊设备采血。
3. 如婴儿因肘部静脉细小无法抽血时,可从股动脉抽血,但作二氧化碳结合力测定时,其结果较静脉血低。
4. 婴儿刚出生时,可收集脐带血液供检验之用。
5. 如检验方法只需微量全血时,成人可从耳垂或指尖取血,婴儿最好从大足趾或足跟取血。毛细血管的结果与动脉血的近似,仅葡萄糖、氧、二氧化碳、pH 等少数几种成分同静脉血的有差别。
6. 尸体解剖时,需做生化检验者,可取心脏血液。
7. 血氧测定时,需抽动脉血液供检验。

### （二）注意事项

1. 采血器械
采血多用一次性注射器及试管。注射器及针头必须无菌、干燥、清洁,最好用干热灭菌。
2. 采血操作
必须按无菌操作,采血部位皮肤必须干燥,止血带不可缚扎过久,抽血时速度不可过快,以免血细胞破裂，采血后应卸下针头再将血液沿管壁徐徐注入试管内。

### 3. 防止气体逸散

采集血气分析样本，抽血时注射器内不能有空泡，抽出后立即用小橡皮密封针头，隔绝空气。因空气中的氧分压高于动脉血的氧分压，二氧化碳分压低于动脉血，做二氧化碳结合力测定时，盛血标本的容器也应加塞盖紧，避免血液与空气接触过久，影响检验结果。

### 4. 防止分解及自身变化

采血后应尽快送检。因血液中有些化学成分离体后极易分解，其含量会发生改变，如血糖及酶类测定，时间过久，血细胞酵解可使血糖下降、酶活力变化等。有些化学成分在细胞内、外相差悬殊，离体时间过长，细胞内、外浓度会发生变化，影响测定结果，如肌酸激酶、乳酸脱氢酶、电解质等。

### 5. 防止污染

有些检查项目要求非常严格，其采血器具及标本容器必须经过化学清洁。如血氨、铜、锌、铁等检查项目，因其含量极低，稍有污染即影响结果；做淀粉酶测定时，要防止唾液污染，因唾液中含有大量的淀粉酶，污染后会引起假性淀粉酶升高。

### 6. 防止溶血

做各类生化检验，要防止血细胞破裂溶血，因溶血引起细胞内、外浓度改变，可使钾、胆红素、氯化物、无机磷、谷丙转氨酶、谷草转氨酶、乳酸脱氢酶等升高，钠、钙、碱性磷酸酶等降低；溶血可对某些实验的反应过程造成干扰，如血红蛋白可直接抑制脂肪酶的活性，使脂肪酶降低；溶血可影响呈色反应终点为红色的实验，如酶法测定血糖、胆固醇、三酰甘油、胆红素的重氮反应、尿素的二乙酰肟法等。

## 二、血液标本的抗凝和保存

### （一）常用抗凝剂

凡需采用全血或血浆做生化检验时，必须加入抗凝剂，使血液不产生凝固。对抗凝剂的一般要求是：用量少、溶解度大、不带干扰试验的杂质。现将常用的几种抗凝剂介绍如下，以供选择使用。

#### 1. 草酸钾

为最常用的抗凝剂。其优点为溶解度大，与血液混合后可迅速与血液中的钙离子结合，形成不溶解的草酸钙，使血液不凝固。常用于非蛋白氮的测定，但不适用于测定钾和钙。草酸盐能抑制乳酸脱氢酶、酸性磷酸酶和淀粉酶的活性，故应注意。

配制方法：称取纯草酸钾 10 g，加少许蒸馏水使之溶解，再加蒸馏水至 100 ml，即成 10% 的溶液。将此液分装于洁净青霉素小瓶内，每瓶 0.1 ml，置 80～100℃ 烘箱内烘干。干燥后瓶底留一薄层白色粉末，取出冷却后用橡皮塞塞好备用。在干燥过程中温度不要过高，如超过 150℃，草酸盐即变为碳酸盐而失去抗凝作用。此瓶内含有草酸钾 10 mg，可使 5 ml 血液抗凝。加入血液后，应立即加塞，将瓶子颠倒数次，使草酸钾迅速均匀地溶解于血液中，如混合不够，血液仍可凝固或部分凝固。

#### 2. 草酸钠

其作用与草酸钾相似，制备方法也相同。草酸钠 5～10 mg 可使 5 ml 血液不凝固。

3.肝素

为良好的抗凝剂，对血液化学分析干扰很少。其抗凝作用主要是抑制凝血酶原转化为凝血酶，因而使纤维蛋白原不能转化为纤维蛋白。

配制方法：配成 1ml 含 5mg 肝素的水溶液，每瓶盛装 0.1ml，置 60℃烘箱内烘干，加塞备用，可使 5～10ml 血液抗凝。但因其抗凝能力有一定的时间限制，且价格较贵，故未能广泛应用。市售肝素大多数为钠盐溶液，每毫升含肝素 12500IU。125IU=1mg 肝素，使用时可按此换算。

4.乙二胺四乙酸二钠盐（简称 Na$_2$-EDTA）

Na$_2$-EDTA 对血液中钙离子有很大的亲和力，能与钙离子络合而使血液抗凝。每 0.8mg 可抗凝 1ml 血液。它是血常规检查、生化检验常用的抗凝剂，但不能用于血浆中钙、钠及含氮物质的测定，可对淀粉酶、肌酸激酶、碱性磷酸酶、酸性磷酸酶、5'-核苷酸酶等有抑制作用，对丙酮酸激酶有明显升高的作用。

5.草酸锂

其抗凝原理同草酸钾、草酸钠。可用作血浆钾、钠、氯、二氧化碳结合力、尿素氮、非蛋白氮、尿酸、肌酐、肌酸、糖、纤维蛋白原以及血浆血红蛋白电泳等测定。使用时先将草酸锂配成 4%水溶液，于每只洁净的青霉素小瓶内加入 0.1ml，置 70℃以下温度烘干，加塞备用。每只小瓶可抗凝 2～4ml 血液。

### （二）抗凝剂与保存剂

血液内若干化学成分离体后很易分解，如血液中的葡萄糖可因血细胞分解葡萄糖生成乳酸，使血糖含量逐渐减低，影响检验结果。可采用下列几种抗凝剂与保存剂保存血液。

1.麝香草酚 0.1g，氟化钠 3.0g，混合。该混合剂 0.05g 可抗凝 5ml 血液。

2.草酸钾 3.0g，氟化钠 1.0g，混合。该混合剂 0.02g 可抗凝 5ml 血液。

3.麝香草酚 0.1g，草酸钾 0.3g，氟化钠 1.0g，混合。该混合剂 0.03g 可抗凝 5ml 血液。

4.甲醛草酸钾抗凝剂　于 5ml 草酸钾抗凝血液中加 40%甲醛 1 滴。

血液加上述抗凝剂与保存剂后，可保存于室温中 2～3 天而无明显变化，仍可做非蛋白氮、肌酐、肌酸的测定。甲醛是还原剂，如福-吴氏法测血糖时即不能用此抗凝剂。氟化钠、麝香草酚可抑制酶的作用，不能用于酶学检验，也不能用于尿素酶法测定全血尿素。

如不使用上述抗凝剂与保存剂，则取得血液后，应立即制成无蛋白血滤液，除去血细胞与蛋白质。

使用抗凝剂时，应根据其生化性质与抗凝能力，恰当选择。抗凝剂与血液的数量比例要合适，不要过少或过多。例如：草酸钾抗凝剂数量过多，如用消化法测定非蛋白氮时，加入纳氏试剂后则液体混浊，影响光电比色。相反，抗凝剂数量不足，则可引起部分红细胞凝集。

## 三、血液标本的保存

需用血清做检验者，一般保存方法，可直接存放于 4～6℃冰箱内冷藏。切勿冰冻，否则会溶血，影响检验结果。有些物质在红细胞和血清之间相互转移，影响结果的准确性。例如，血清无机磷测定时，因有机磷主要存在于红细胞内，血液离体后，血清中磷酸酯酶将红细胞中有机磷水解为无机磷，释放至血清时，致使血清无机磷增高，因此，取得血液标本后，应分离血清并保存于 4～6℃冰箱内。此外，钠存在于红细胞与血清内之比为 1：2，钾在血清和红细胞中之比为 1：20，钙在红细胞中极少，几乎全部在血清中。因而在血清钠、钾、钙的测定中，也需注意分离血清。

凡需用全血或血浆进行生化检验者，必须用抗凝瓶盛血液标本，如血糖、非蛋白氮、肌酐、肌酸、尿酸等测定。如不能及时检验，应按各项检验操作规程，制备好无蛋白血滤液，置 4～6℃冰箱内保存。如不能及时制备无蛋白血滤液时，则应选择抗凝剂与保存剂保存血液标本 4～6℃冰箱中。用尿素酶法测定全血尿素时，收到血液标本后应立即按操作规程加入尿素酶，使血液中尿素水解后，再制备无蛋白血滤液保存于 4～6℃冰箱中，才能保证结果的准确性。

做纤维蛋白原测定时，收到标本后，应分离血浆，及时检验。做二氧化碳结合力测定时，血液抽取后应尽量避免与空气接触过久，因静脉血液内二氧化碳含量较高，而空气中二氧化碳含量甚低，如血液置空气中太久，其中溶解性的二氧化碳向空气中逸散，故应将盛血容器塞盖塞紧，立即送检，检验人员应及时进行测定，方可得到准确结果。

（刘美玲　杨金莲）

# 第五章 常见疾病的生物化学检测方法

目前，临床生物化学检测技术的应用已突破了过去以血、尿、便三大常规为主的检验，其在缺血性冠状动脉疾病、肝病、肾病、脂代谢疾病、糖尿病的辅助诊断，电解质与酸碱平衡、治疗药物监测等方面的应用逐渐发展成熟，分析方法日益完善稳定，为疾病的临床诊断、预防和治疗提供了更为客观、准确的信息。另外，还扩展到采用分子生物学技术对某些遗传病进行产前和产后的基因诊断、对代谢性疾病和肿瘤进行基因变异和流行病学的调查和研究等领域。

## 一、生物化学常用检测方法

### （一）终点法

终点法（end assay）指全部底物（被测物）在反应过程中完全转变为产物，即达到反应终点，根据终点某一检测指标的大小求出被测物浓度的检测法。如用分光光度法检测，从时间 - 吸光度值曲线来看，到达反应终点或平衡点时，吸光度值将不再变化。分析仪通常在反应终点附近连续选择两个吸光度值，求平均值计算结果，并可将两点的吸光度值差来判断反应是否达到终点。该方法又可分为一点终点法和两点终点法：

1. 一点终点法

是指在反应到达终点时对特定检测值进行检测的方法。

2. 两点终点法

是指在被测物反应或指示反应未开始时，选择并记录第一个点的检测指标值，在反应到达终点或平衡点时作为第二个检测点并记录检测指标值，将此两点检测指标差值用于计算结果。终点法参数设置简单，反应时间一般较长，精密度较好。

在临床上很多检测采用终点法，常用的有总胆红素（氧化法或重氮法）、结合胆红素（氧化法或重氮法）、血清总蛋白（双缩脲法）、血清清蛋白（溴甲酚氯法）、总胆汁酸（酶法）、葡萄糖（葡萄糖氧化酶法）、尿酸（尿酸氧化酶法）、总胆固醇（胆固醇氧化酶法）、三酰甘油（磷酸甘油氧化酶法）、高密度脂蛋白胆固醇（直接测定法）、钙（偶氮砷Ⅲ法）、磷（紫外法）、镁（二甲苯胺蓝法）等的测定。以上项目中，除钙、磷和镁基本上使用单试剂方式分析而采用一点终点法外，其他测定项目使用双试剂而选用两点终点法。

### （二）固定时间法

固定时间法（fixed-time assay）指在反应的时间内选择两个特定的检测点，此两点既非反应初始点亦非反应终点，这两点检测指标的差值用于最终结果计算的方法，如苦味酸法测定肌酐采用此法。

### （三）连续监测法

连续监测法（continuous monitoring assay）又称速率法（rate assay），优点是简单、准确，常在测定酶活性或用酶法测定代谢产物时使用。检测时连续选取酶促反应曲线中线性反应期，此线性反应期对底物来说属零级反应。测定时以此线性反应期被测定指标值的单位变化值（$\Delta A/\text{min}$）来计算，$\Delta A/\text{min}$ 即为酶促反应的初速度，其大小与被测酶活性成正比。连续监测法也可用于测定呈线性反应的代谢物浓度，一般是基于某些酶法测定的代谢物。

对于酶活性测定一般应选用连续监测法，如丙氨酸氨基转移酶、天冬氨酸氨基转移酶、乳酸脱氢酶、碱性磷酸酶、γ- 谷氨酰基转移酶、淀粉酶和肌酸激酶等的测定。一些代谢物酶法测定的项目如己糖激酶法测定葡萄糖、脲酶偶联法测定尿素等，也可用连续监测法。

### （四）透射比浊法

透射比浊法（transmission turbidimetry）是指抗原与相应的抗体结合形成的免疫复合物在反应液中具有一定的浊度，可用一般分光光度法进行透射比浊测定以实现检测目的。透射比浊法可用于某些蛋白质和药物浓度等的测定。该法须做多点校准，再经非线性回归，求出抗原或抗体的含量。另外，临床上也使用散射比浊法（scatter turbidimetry），它能更加准确、快速地检测抗原、抗体形成浊度的大小或其速度，目前专用于特定蛋白分析仪。

临床上可用于一些能够产生浊度反应的项目，如载脂蛋白、免疫球蛋白、补体、类风湿因子，以及血清中的其他蛋白质如前清蛋白、结合珠蛋白、转铁蛋白等的测定均可采用此法。

## 二、临床生物化学检测技术

临床常用的生物化学检测技术主要包括：光谱技术（比色法、分光光度法、透射比浊法、散射比浊法、原子吸收和火焰发射光谱法、分子荧光光谱法等）、电化学分析技术、电泳技术（琼脂糖电泳、聚丙烯酰胺凝胶电泳、等电点聚焦电泳、毛细管电泳等）、免疫分析技术、离心和超离心技术、层析技术（离子交换层析、亲和层析）、生物传感技术、生物芯片技术、PCR 技术等。由于这些方法在本书其他章节中有详细的介绍，本节只在后面具体方法中指出其在临床生物化学检验中的应用。

目前临床生化检验实验室大多拥有自动化、智能化和系统化硬件系统，绝大部分检测已实现自动化分析。自动化分析中自动生化分析仪（automatic biochemical analyzer）应用比较普遍，随着技术的革新和应用的要求，在性能和结构上都有了很大改进和发展，更大程度地提高了检测结果的精准性。

### （一）自动化分析仪

模仿手工操作的过程，由电脑控制，将生化分析中的取样、加试剂、混匀、保温反应、检测、结果计算、可靠性判断、显示和打印以及清洗等步骤组合在一起由自动化仪器进行操作。按其工作方式不同，自动生化分析仪分为连续流动式、管道式、分立式、离心式和干片式。除了一般的生化项目测定外，还可进行激素、免疫球蛋白、药物等特殊化合物的测定以及酶免疫、荧光免疫等分析方法的应用。它具有快速、简便、灵敏、准确、标准化、微量等特点。

## （二）实验室自动化系统

实验室自动化系统组合生化分析系统、免疫分析系统以及血液分析系统等，实现样品自动运输和电脑系统管理各部分的运行。还包括样品前处理系统、样品输送系统和各样品分析系统，实现了采血到报告的实验室全自动化。

## （三）试剂盒在临床自动化生化分析中的应用

临床生化商品试剂与标准液按检测项目组合成一套放在一个包装盒内称试剂盒。临床生化诊断试剂盒种类繁多，有液体型、粉剂型、片剂型，有单一试剂型、双试剂型、多试剂型等。按反应原理不同，也可以分为酶试剂法试剂盒、PCR 系列诊断试剂盒、ELISA 系列诊断试剂盒等。

在临床上使用的试剂盒有以下几种：① 对一些病毒性疾病检测诊断的试剂盒，如结核抗体快速检测试剂盒、HIV 抗体检测诊断试剂盒、乙肝病毒 / 丙肝病毒 DNA 定量荧光 PCR 检测试剂盒、狂犬病病毒抗体检测试剂盒、乙型流感病毒诊断试剂盒；② 临床常规生化指标检测试剂盒，如乳酸诊断试剂盒、肌酸激酶诊断试剂盒、$\alpha_1$- 微球蛋白诊断试剂盒、$\alpha_1$- 酸性糖蛋白诊断试剂盒、脑利钠肽前体诊断试剂盒（电化学发光法）、维生素 $B_{12}$ 诊断试剂盒（电化学发光法）、铁 / 钙 / 镁诊断试剂盒、血液和尿液乳酸脱氢酶检测试剂盒、糖化血红蛋白 A 诊断试剂盒、葡萄糖诊断试剂盒、血型诊断试剂盒等；③用于特定指标检测的试剂盒，如抗人甲胎蛋白（AFP）单克隆抗体 ATP 诊断试剂盒、绒毛膜促性腺激素急诊诊断试剂盒、超敏 C-反应蛋白诊断试剂盒、免疫球蛋白 M 诊断试剂盒、补体 $C_3$ 诊断试剂盒、免疫球蛋白 G/A 诊断试剂盒；④对临床血药浓度进行监测的试剂盒，如毛地黄毒苷、地高辛、奎尼丁、庆大霉素、对乙酰氨基酚、茶碱诊断试剂盒等。

临床生化诊断试剂盒的选择要注意试剂盒采用的测定方法特异性好，准确度、精密度、线性范围、抗干扰作用、灵敏度、稳定性应符合原卫生部临床检验中心、IFCC、WHO 等推荐的方法性能标准和要求，以确保临床检测数据的客观、真实、可靠、科学。

## 三、临床生物化学检验实例

新陈代谢是机体生命活动的基本特征，包括能量代谢和物质代谢。机体新陈代谢是由极其复杂、数量种类繁多的生化反应所完成。如果机体的某一新陈代谢出现问题且超出了机体自我调节的能力，将有可能产生疾病。当机体处于疾病状态时，某种特征性生化指标就会改变。临床上常对这些指标进行检测，为临床诊断提供有效、客观的数据。以下对临床上常见的几类疾病的临床诊断进行简要的介绍。

## （一）糖代谢紊乱的临床生化检验

糖类是人体最主要的能量供给物质，也是人体的重要组成成分之一，如糖蛋白是某些激素、酶、血型物质和抗体的成分；糖脂是神经组织和生物膜的重要组分；糖在体内还可以转化成为脂肪、非必需氨基酸等物质以供机体需要。糖代谢障碍，首先导致机体供给能量障碍，由此产生一系列代谢变化，最终造成多系统的代谢紊乱，重者将危及生命。临床上重要的糖代谢紊乱主要指血糖浓度过高（高血糖症）、过低（低血糖症）、糖尿病等。这里简要介绍糖尿病的临床检测。

糖尿病 (diabetes mellitus) 是一组最常见的以慢性高血糖为特征的代谢性疾病，常见症状有多饮、多尿、多食以及体重减少等。糖尿病分 1 型糖尿病、2 型糖尿病和妊娠期糖尿病。糖尿病的生物化学检测包括血糖测定、尿糖测定、口服葡萄糖耐量试验、糖化蛋白测定、胰岛素和胰岛素原及 C 肽测定等。血糖测定常用方法比较见表 5-1。

表 5-1 血糖测定常用方法比较

| 检测指标 | 测定方法 | 基本参考值 | 简要评价 |
| --- | --- | --- | --- |
| 血糖 | 葡萄糖氧化酶法（GOD-POD）法 | 空腹全血为 3.89 ~ 6.11 mmol/L；血浆为 3.9 ~ 6.1 mmol/L | 特异性强、试剂稳定、价格便宜、操作简便 |
| 尿糖 | 尿糖试纸法 | 24 h 尿糖定量少于 0.5 g/24 h | 对糖尿病的初步判断，通常作为过筛程序的一部分，不能作为糖尿病的诊断依据 |
| 口服葡萄糖耐量试验（OGTT） | 口服葡萄糖粉后定时检查血糖和尿糖 | 当静脉空腹血糖 ≥ 7.0 mmol/L 或 OGTT 2 h 血糖 ≥ 11.1 mmol/L，尿糖 + ~ ++++，说明人体处理进食后葡萄糖的能力明显降低，达到糖尿病的诊断标准 | 是在血糖增高怀疑糖尿病时帮助明确诊断糖尿病 |

### （二）脂代谢紊乱的临床生化检验

脂质在体内的主要功能是储存能量、氧化供能，是人体重要的结构成分。脂代谢紊乱指先天性或获得性因素造成的血液及其他组织、器官中脂质（脂类）及其代谢产物质和量的异常，临床上主要出现总胆固醇（TC）、三酰甘油（甘油三酯，TG）水平增高或高密度脂蛋白胆固醇（HDL-C）水平降低。脂代谢紊乱将造成多种临床综合征，如高脂蛋白血症、脂质贮积病、肥胖症、脂肪肝、酮症、新生儿硬肿症、脂蛋白减少症等。临床上检测总胆固醇、三酰甘油、高密度脂蛋白胆固醇和低密度脂蛋白胆固醇（LDL-C）等四项血脂指标非常重要。

1. 总胆固醇

指体内游离胆固醇及胆固醇脂两种形式，TC 的测定有化学比色法和酶学方法两类。邻苯二甲醛法指胆固醇及其酯在硫酸作用下与邻苯二甲醛产生紫红色物质，此物质在 550 nm 波长处有一最大吸收峰，可用比色法进行总胆固醇的定量测定。胆固醇含量在 400 mg/100 ml 内，与 OD 值呈良好线性关系。酶法测定时血清中的胆固醇酯被胆固醇酯水解酶水解成游离胆固醇，后者被胆固醇氧化酶氧化生成胆甾烯酮，并产生过氧化氢，再经过氧化物酶催化 4- 氨基安替比林与酚（三者合称 PAP），生成红色醌亚胺色素（Trinder 反应）。醌亚胺的最大吸收峰在 510 nm 左右，吸光度值与标本中总胆固醇成正比。

2. 血清三酰甘油

又称中性脂肪，是体内能量的主要来源，在血中以脂蛋白形式运输。血清三酰甘油是一项重要的临床血脂常规测定指标，也是冠心病的一项独立的重要危险因素。临床测定方法一般可分为化学法、酶法和色谱法，目前临床实验室普遍采用酶法测定血清三酰甘油。该指标增高主要见于家族性高甘油三酯血症、家族性混合性高脂血症、冠心病、糖尿病、肾病综合征、甲状腺功能减退症、胆道梗阻、糖原贮积症、妊娠、口服避孕药、酗酒、急性胰腺炎。高甘油三酯血症是冠心病的独立危险因素，对于代谢综合征的诊断具有重要的临床意义。

3.高密度脂蛋白胆固醇

也是血脂分析的常规项目。高密度脂蛋白可通过酶和受体的作用，将周围组织的胆固醇移至肝降解处理，同时抑制细胞结合和摄取低密度脂蛋白胆固醇，阻止胆固醇在动脉管壁的沉积，因此，其水平与动脉粥样硬化呈负相关。目前临床上认为高密度脂蛋白胆固醇下降是冠心病的主要危险因素。由于所有脂蛋白都含有胆固醇，因此，必须从其他脂蛋白中分离出高密度脂蛋白后再行测定。分离方法有超速离心法、凝胶过滤法、免疫化学法、电泳法及化学沉淀法。应用最广泛的是化学沉淀法。

4.低密度脂蛋白胆固醇

是血清脂蛋白胆固醇的一部分，是动脉粥样硬化的主要致病因素。当低密度脂蛋白胆固醇升高时，心脑血管疾病的危险性增加。

## （三）肝功能的临床生化检验

肝功能检测的目的在于探测肝有无疾病、肝损害程度以及查明肝病原因、判断预后和鉴别发生黄疸的病因等，以确保及时、准确地了解肝功能情况，保障肝功能的正常发挥。肝功能的检测尤其对肝疾病，如肝炎、肝硬化等疾病的判断极为敏感和重要。但肝功能检查也有一定局限性，对疾病做出正确诊断，还必须结合病史、其他临床检查指标等。

1.肝功能检测的项目

（1）肝排泄功能 溴磺酞钠排泄试验和靛青绿排泄试验较为常用。

（2）蛋白质代谢功能 如血清总蛋白及清蛋白、球蛋白、前清蛋白、蛋白电泳、凝血酶原时间及甲胎蛋白（AFP）测定。

（3）脂类代谢功能 如血清总胆固醇、血清三酰甘油、高密度脂蛋白胆固醇、低密度脂蛋白胆固醇、载脂蛋白及脂蛋白测定。

（4）胆红素代谢功能 如血清胆红素定量试验，直接胆红素、间接胆红素测定，尿胆红素定性试验及尿内尿胆原测定。

2.肝损伤有关的血清酶类测定

（1）反映肝细胞损害的酶试验 如血清转氨酶活性测定，最常用的是丙氨酸氨基转移酶即谷丙转氨酶活性的测定。

（2）血清乳酸脱氢酶活性测定 反映胆道梗阻的酶试验，如血清碱性磷酸酶和γ-谷氨酰转肽酶测定。

（3）其他酶类，如与慢性肝炎和酒精性肝炎、肿瘤有关的γ-谷氨酰转肽酶，与肝纤维化活动有关的单胺氧化酶的测定。

3.乙型肝炎的临床检查及其意义

乙型病毒肝炎在我国发病率非常高，在临床上对乙型肝炎病毒血清标志物的检测常规非常重要，该检测又俗称乙肝两对半检测，主要临床检测结果和意义见表5-2。

## （四）肾疾病的临床生化检验

肾的基本生理功能包括排泄废物、调节体液及酸碱平衡、分泌激素等，在维持机体内环境的稳定和平衡方面起着极为重要的作用。常见的肾生物化学检测指标有尿素、肌酐、尿酸、蛋白等。测定方法主要是采用光谱技术、电泳技术、免疫学和酶学分析技术等。临床上常见的肾疾病及其生化检测方法见表5-3。

表 5-2　乙肝病毒临床检验结果及意义

| 表面抗原 (HBsAg) | 表面抗体 (HBsAb) | e抗原 (HBeAg) | e抗体 (HBeAb) | 核心抗体 (HBcAg) | 临床意义 |
|---|---|---|---|---|---|
| – | – | – | – | – | 过去和现在未感染过 HBV |
| – | – | – | – | + | ① 既往感染未能测出抗 - HBs；② 恢复期 HBsAg 已消失，抗 - HBs 尚未出现；③ 无症状 HBsAg 携带者 |
| – | – | – | + | + | ① 既往感染过 HBV；② 急性 HBV 感染恢复期；③ 少数仍有传染性 |
| – | + | – | – | – | ① 注射过乙肝疫苗，有免疫力；② 既往感染；③ 假阳性 |
| – | + | – | + | + | 急性 HBV 感染后康复 |
| + | – | – | – | + | ① 急性 HBV 感染；② 慢性 HBsAg 携带者；③ 传染性弱 |
| – | + | – | – | + | ① 既往感染，仍有免疫力；② HBV 感染，恢复期 |
| + | – | – | + | + | ① 急性 HBV 感染趋向恢复；② 慢性 HBsAg 携带者；③ 传染性弱，即俗称的"小三阳" |
| + | – | + | – | + | ① 急性或慢性 HBV 感染；② 提示 HBV 复制，传染强，即俗称的"大三阳" |

"–"表示阴性，"+"表示阳性

表 5-3　临床上常见的肾疾病及其生化检测方法

| 疾病名称 | 临床症状 | 临床检测方法 |
|---|---|---|
| 急性肾小球肾炎 | 以血尿、蛋白尿、高血压、水肿、肾小球滤过率低为主要表现 | 尿常规检查、电解质、血浆蛋白和脂质测定、肾功能检查（肌酐清除率）、尿 FDP 测定 |
| 肾病综合征（NS） | 以大量蛋白尿、低清蛋白血症、严重水肿和高脂血症为特点的综合征 | 尿蛋白测定（主要）、纤维蛋白原降解产物检测（重要）、血浆相应抗体和补体浓度和成分测定（参考） |
| 糖尿病肾病（DN） | 糖尿病全身性微血管并发症之一 | 尿微量清蛋白测定、肾功能检测（GFR 和肾小球滤过分数测定）、糖尿病视网膜病变检查 |
| 肾小管性酸中毒（RTA） | 肾小管代谢性酸中毒、高氯性酸中毒、电解质紊乱、骨病、多尿、肾结石 | 血气分析、尿 pH、碳酸氢盐清除率测定、尿电解质测定 |
| 急性肾衰竭（ARF） | 肾小球滤过急剧减少，或肾小管发生变性、坏死而引起的急性肾功能严重损害，泌尿功能丧失，导致急性氮质血症、高钾血症、代谢性酸中毒和水中毒等综合征，血尿素和肌酐升高 | 肾功能试验（肌酐清除率）、血液检测、尿液检测 |
| 慢性肾衰竭（CRF） | 肾功能减退，代谢废物尤其是蛋白质的含氮代谢产物潴留，水、电解质和酸碱平衡失调，肾内分泌功能失调，不能维持机体内环境的稳定 | 肾小球滤过率测定；水、电解质、酸碱物质和内分泌物质测定（参考）；测定尿 FDP、$\beta_2$-MG、IgG 等 |

## （五）心脏疾病的临床生化检验

心脏是人体内最重要的器官，将血液输送到全身，为器官、组织提供充足的氧和各种营养物质，并带走代谢的终产物（如二氧化碳、尿素和尿酸等）。心脏系统疾病有许多种，和临床检验有关的疾病主要是风湿性心脏病、先天性心脏病、高血压性心脏病、冠心病、心肌炎等。心脏疾病的发病率较高，死亡率高，因此，在临床上对于心脏疾病的诊断和机制研究占有重要的地位。对临床上典型标志物简要介绍如下：

1. 心脏肌钙蛋白 (cTn)

作为心肌梗死诊断的"金标准"标志物，同时 cTn 在急性冠状动脉综合征 (ACS) 的诊断及危险分层方面也很有价值。cTn 分为 cTnT 和 cTnI 两大类，两者检测心肌损伤的特异性都很高。

2. B 型钠尿肽（BNP）

B 型钠尿肽的检测对心力衰竭的诊断及病情严重程度的判断具有重要意义。心脏细胞中含 108 个氨基酸的 BNP 原（proBNP）在分泌过程中或进入血液后可分解为含 32 个氨基酸的 C 端片段（BNP）和含 76 个氨基酸的 N 端片段（NT-proBNP）。BNP/NT-proBNP 检测可用来判断一些疑似心力衰竭但临床症状不明显的呼吸困难患者，还可作为"泵功能衰竭"的指标。

3. C 反应蛋白（CRP）

C 反应蛋白是动脉粥样硬化的重要介质，CRP 对心绞痛、急性冠状动脉综合征和行经皮血管成形术患者，具有预测心肌缺血复发危险和死亡危险的作用。

4. 肌酸激酶亚型 CK-MB

在临床上也是诊断心肌梗死的主要标准之一。

临床和科研中对于心脏标志物的检测方法在不断发展和进步。第一代检测方法主要是竞争法（放射免疫分析法，RIA)，受影响因素较多；第二代检测方法为非竞争分析法（如 IRMA 或 ELISA），采用双抗体夹心的免疫分析，特异性高、灵敏性、精密性好，但难以用于自动化；第三代检测方法主要是酶免疫分析法和化学发光分析法，可直接采用血浆或血清，并进行自动化分析，适用于临床检验部门的常规检测分析。

## （六）肿瘤标志物的临床生化检验

肿瘤对人类健康和生命的威胁很大，死亡率高。早期肿瘤诊断已成为全世界医务人员长期以来竭尽全力研究的热门课题。肿瘤标志物 (tumor marker, TM) 指肿瘤细胞存在于细胞、体液或组织中的物质，或是宿主对体内新生物反应而产生并进入到体液或组织中的物质，目前已不断地应用于临床，成为肿瘤患者的一个重要检查指标。

临床上肿瘤标志物应具有如下特点：敏感性高；特异性好；与肿瘤大小或分期相关，可用来判断预后；能监测治疗效果、复发和转移；有可靠的预测价值。用于临床诊断的肿瘤标志物分为两大类：血清肿瘤标志物（癌胚抗原类、酶类、激素类、糖蛋白类）和细胞肿瘤标志物（癌基因类和细胞表面肿瘤抗原）。目前临床上实验室检测的血清肿瘤标志物及临床意义见表 5-4。

表 5-4    临床上实验室检测的血清肿瘤标志物及临床意义

| 名称 | 含义 | 临床意义 |
| --- | --- | --- |
| 甲胎蛋白 AFP | 胚胎期是功能蛋白，脐带血含量为 $1000 \sim 5000\,\mu g/L$；成年人体内含量恒定，$<40\,\mu g/L$ | 急、慢性肝炎（一般表现为升高），原发性肝细胞癌（一般 $>400\,\mu g/L$） |
| 癌胚抗原 CEA | 酸性糖蛋白，成人血清含量极低 | 结肠癌、胰腺癌、直肠癌、肺癌 |
| 糖蛋白抗原 CA50 | 正常组织中一般不存在酸性糖蛋白，正常 $<20\,\mu g/L$ | 肺癌、肝癌、卵巢或子宫颈癌、胰腺癌或胆管癌等 |
| 糖蛋白抗原 CA125 | 正常值以 35 U/ml 为界 | 广谱标志物，是卵巢癌的辅助诊断重要的标志物 |
| 糖蛋白抗原 CA15-3 | 乳腺细胞上皮表面糖蛋白的变异体，正常 $<40$ U/ml | 乳腺癌标志物 |
| 糖蛋白抗原 CA549 | 酸性糖蛋白，血清内正常值 $<11$ U/ml | 乳腺癌标志物 |
| 糖蛋白抗原 CA242 | 黏蛋白型糖抗原 | 胰腺癌和结肠癌较好的标志物 |
| 鳞状细胞相关抗原 SCC | 正常人 $<2\,\mu g/L$ | 宫颈癌标志物，鳞状上皮癌重要标志物 |
| 核基质蛋白 NMP22 | | 膀胱癌标志物 |
| 细胞角蛋白 19 | 血清浓度阈值为 $2.2\,\mu g/L$ | 小细胞肺癌的重要标志物 |
| $\beta_2$ 微球蛋白 | 表达在大多数有核细胞表面 | 淋巴增性性疾病标志物 |
| 前列腺特异性抗原 PSA | 由前列腺上皮细胞产生的大分子糖蛋白，具有极高的组织器官特异性 | 诊断前列腺癌最敏感的指标 |
| 神经元特异性烯醇化酶 NSE | 正常 $<12.5$ U/ml | 神经内分泌肿瘤的特异性标志物，小细胞肺癌的重要标志物之一 |
| 人绒毛膜促性腺激素 β- HCG | 胎盘中的糖蛋白激素，孕期血与尿中水平上升，正常血中只含微量 | 妇科恶性肿瘤的辅助标志物 |

（刘美玲）

第二篇

# 基础性实验

# 第六章　蛋白质定性定量分析实验

## 第一节　蛋白质的两性反应及等电点测定

### 实验目的

1. 掌握蛋白质的两性性质及等电点与蛋白质分子聚沉的关系。
2. 熟悉测定蛋白质等电点的方法。

### 实验原理

蛋白质和氨基酸一样是两性电解质。在某一 pH 溶液中，蛋白质解离成正、负离子的趋势相等，即成为兼性离子，净电荷为零，此时溶液的 pH 值称为蛋白质的等电点（pI）。当溶液的 pH 值小于蛋白质等电点时，即在 [$H^+$] 较多的条件下，蛋白质分子带正电荷成为阳离子；当溶液的 pH 值大于蛋白质等电点时，即在 [$OH^-$] 较多的条件下，蛋白质分子带负电荷成为阴离子。人体血清蛋白质等电点在 pH 4.0～7.3，所以在体液 pH 7.4 的环境下，大多数蛋白质解离成阴离子，带负电。

不同蛋白质各有其特异的等电点。在等电点时，蛋白质的理化性质都发生变化，可利用此种性质的变化测定各种蛋白质的等电点。本实验利用蛋白质在不同 pH 环境中的混浊度来确定其等电点，在等电点时蛋白质颗粒上的净电荷为零，缺乏同电相斥的因素，蛋白质溶解度最小，最容易析出沉淀。本实验通过观察酪蛋白在不同 pH 溶液中的混浊度以测定其等电点。向不同 pH 的缓冲液中加入酪蛋白后，沉淀出现最多的缓冲液的 pH 即为酪蛋白的等电点。

### 实验器材与试剂

1. 器材　学生实验仪器一套、刻度吸量管。
2. 试剂
（1）0.5% 酪蛋白液　称取纯酪蛋白 0.25 g 于烧杯中，加蒸馏水 20 ml 及 1.00 mol/L NaOH 溶液，摇荡使酪蛋白溶解，然后加 1.00 mol/L 醋酸溶液 5 ml，最后定量至 50 ml，混匀。
（2）0.01% 溴甲酚绿指示剂　变色范围为 pH 3.8～5.4。
（3）其他试剂　0.02 mol/L HCl 溶液、0.02 mol/L NaOH 溶液、0.01 mol/L 醋酸溶液、0.10 mol/L 醋酸溶液、1.00 mol/L 醋酸溶液。

## 实验步骤

1.蛋白质的两性反应

（1）取一支试管，加 0.5% 酪蛋白液 0.5 ml（约 10 滴），再滴加 0.01% 溴甲酚绿指示剂 3 滴，混匀。观察此时溶液的颜色，并解释实验现象。

（2）逐滴加入 0.02 mol/L HCl 溶液，边滴加边混匀，至有明显大量的沉淀发生时，此时溶液的 pH 与酪蛋白的等电点接近。观察此时溶液以及沉淀的颜色，并解释实验现象。

（3）继续滴加 0.02 mol/L HCl 溶液。观察现象，并解释沉淀为何会逐渐消失。当沉淀完全消失时，观察此时溶液的颜色，并解释实验现象。

（4）继续滴加 0.02 mol/L NaOH 溶液至出现最大沉淀。观察此时溶液以及沉淀的颜色，并解释实验现象。

（5）再继续滴加 0.02 mol/L NaOH 溶液至沉淀完全溶解。观察现象，并解释沉淀为何会逐渐消失。当沉淀完全消失时，观察此时溶液的颜色，并解释实验现象。

2.酪蛋白等电点的测定

（1）取 7 支干燥大试管，编号后按表 6-1 准确加入各种试剂。

（2）将 7 支试管中的溶液充分混匀，然后在每管内各加入 0.5% 酪蛋白液 1 ml（约 20 滴），每加一管立即混匀一管，混匀后各管内溶液的 pH 即如表 6-1 所列。

（3）静置 30 min，观察各管的混浊度，以 0、+、++、+++、++++ 表示沉淀的多少并记录。根据实验结果，指出哪一种 pH 是酪蛋白的等电点。

表 6-1　酪蛋白等电点测定的试剂加入量（单位：ml）

| | 试管 | | | | | | |
|---|---|---|---|---|---|---|---|
| | 1 | 2 | 3 | 4 | 5 | 6 | 7 |
| 蒸馏水 | 2.4 | 3.2 | – | 3.0 | 1.5 | 2.75 | 3.38 |
| 1.00 mol/L 醋酸溶液 | 1.6 | 0.8 | – | – | – | – | – |
| 0.10 mol/L 醋酸溶液 | – | – | 4.0 | 1.0 | – | – | – |
| 0.01 mol/L 醋酸溶液 | – | – | – | – | 2.5 | 1.25 | 0.62 |
| 溶液最终的 pH 值 | 3.5 | 3.8 | 4.1 | 4.7 | 5.3 | 5.6 | 5.9 |
| 混浊度 | | | | | | | |

## 注意事项

1.蛋白质两性反应时加酸、加碱需边滴加边混匀，以防滴加过量。

2.等电点的测定实验要求各种试剂的浓度和加入量必须非常准确。

## 思 考 题

1.什么是蛋白质的等电点？

2.在等电点时，蛋白质溶液为什么容易析出沉淀？

# 第二节　血红蛋白及其衍生物的吸收光谱测定

## 实验目的

1. 掌握血红蛋白标准曲线的绘制。
2. 熟悉血红蛋白及其衍生物吸收光谱的测定方法。

## 实验原理

血红蛋白（Hb）及其衍生物具有特征性的吸收光谱，可作为其定性和定量分析的基础。Hb 与 $O_2$ 结合生成氧合血红蛋白（$HbO_2$），其在可见光波长 $400 \sim 700\,nm$ 范围内有三个特征的吸收峰，峰值分别在 $415\,nm$、$541\,nm$ 和 $576\,nm$ 处。正常人动脉血中 Hb 大部分以 $HbO_2$ 的形式存在。向 $HbO_2$ 溶液中通入一氧化碳（CO）时，因 Hb 与 CO 的结合力比氧大得多，故可迅速转变为碳氧血红蛋白（HbCO），此时光谱发生改变，分别在波长 $419\,nm$、$540\,nm$ 和 $569\,nm$ 处出现三个特征的吸收峰（表 6-2）。

表 6-2　人血红蛋白及其衍生物吸收光谱的峰值（nm）

| Hb 形式 | 可见光区 | | | δ 带 | 紫外光区 |
| --- | --- | --- | --- | --- | --- |
| | α 带 | β 带 | γ 带 | | |
| $HbO_2$ | 541 | 576 | 415 | 344 | 276 |
| HbCO | 540 | 569 | 419 | 334 | 276 |

实验时先制备血红蛋白及其衍生物，然后在不同波长下测其吸光度值（$A$），以 $A$ 值为纵坐标，波长为横坐标绘制成吸收光谱曲线，由此可以确定它们最大的吸收波长。对定量而言，在峰值波长下进行测定，其灵敏度较大。

## 实验器材与试剂

1. 器材　学生实验仪器一套、50 ml 量筒 1 个、可见光分光光度计、CO 发生器。
2. 试剂　浓 $H_2SO_4$、甲酸、蒸馏水、生理盐水、四氯化碳（$CCl_4$）、血红蛋白溶液。

## 实验步骤

1. 血红蛋白溶液的制备
（1）取静脉血，用草酸钾抗凝（其他抗凝剂也可以），充分混匀，即制得抗凝全血。

（2）取抗凝全血 20～40 ml，加入离心管中离心，弃去上层血浆，以约 2 倍体积的生理盐水洗涤红细胞，离心，弃上清液，洗涤 3～4 次。

（3）于洗涤过的红细胞中，加入等体积的蒸馏水，再加 0.4 倍体积的四氯化碳，加塞剧烈震荡 5～10 min，以 3 000 r/min 离心 20 min。

（4）小心吸取上层血红蛋白液，作为血红蛋白贮存液备用。

2. 样品的制备

（1）氧合血红蛋白（HbO₂）溶液 取血红蛋白溶液 3 滴于烧杯中，用量筒加 20 ml 蒸馏水，混匀，得 HbO₂ 溶液，呈鲜红色。

（2）碳氧血红蛋白（HbCO）溶液 取上述 HbO₂ 溶液约 7 ml 于试管中，通 CO 气体（浓硫酸与甲酸在 CO 发生器中反应产生）5～10 s，HbO₂ 溶液即变成樱桃红色的 HbCO 溶液。

3. 吸收光谱曲线的绘制

将以上制备的两种血红蛋白溶液分别盛于比色皿内，在可见光分光光度计上以蒸馏水为空白对照调吸光度 0%T 和 100%T（每一次读数均用空白管调节 0%T 和 100%T）。在不同波长（500～600 nm）分别测定 HbO₂、HbCO 溶液的吸光度值，在相应峰值的 10 nm 范围内每隔 2 nm 记录一次吸光度值读数，其余均每隔 10 nm 记录一次吸光度值读数。然后以波长为横坐标，吸光度值为纵坐标描点，并将各点连接成曲线，即为血红蛋白及其衍生物的吸收光谱曲线。

### 注意事项

1. 每次做完实验，应立即洗净比色皿。

2. 由于使用仪器不同，绘制出的血红蛋白及其衍生物的吸收光谱会有一些差异，峰值误差在 ±3 nm～±5 nm 波长内是允许的。

### 临床意义

1. 氧合血红蛋白

血液科：缺铁性贫血的病因诊断。

重症监护室：了解失血、缺氧的存在。

呼吸科：呼吸机治疗的监控。

2. 碳氧血红蛋白

碳氧血红蛋白指血红蛋白与一氧化碳共价结合的血红蛋白。一氧化碳与血红蛋白的亲和力比氧与血红蛋白的亲和力大 200 多倍，且为不可逆结合。碳氧血红蛋白正常值范围为 0%～1.5%。体内过多的碳氧血红蛋白造成机体严重缺氧。

急诊科：一氧化碳中毒的诊断。

高压氧治疗中心：煤气中毒后，高压氧治疗疗效的监控指标。

新生儿科：新生儿黄疸的病因诊断和指导治疗。

麻醉科：麻醉药安全性的评价。

呼吸科：慢性肺源性心脏病或慢性阻塞性肺病缺氧程度和治疗疗效的评价。

**思 考 题**

1. 什么叫吸收光谱？测定血红蛋白及其衍生物的吸收光谱有何意义？
2. Hb 属于哪类蛋白质？它的吸收光谱的特征反映它的什么结构成分？

# 第三节　紫外分光光度法测定蛋白质含量

## 实验目的

1. 掌握紫外分光光度法测定蛋白质含量的基本原理。
2. 熟悉紫外分光光度法测定蛋白质含量的主要技术。

## 实验原理

　　蛋白质中酪氨酸和色氨酸残基的苯环含有共轭双键，所以蛋白质溶液在波长 280 nm 附近有最大紫外吸收峰（不同蛋白质的吸收波长略有差别）。在一定浓度范围内，蛋白质溶液在最大吸收波长处的吸光度值与溶液浓度的关系服从朗伯 – 比尔定律，即吸光度值与其浓度成正比。据此可对蛋白质进行定量分析。

　　紫外分光光度法测定蛋白质含量具有简单、灵敏、快速、不消耗样品、不受低浓度的盐类干扰等特点，因此，广泛应用于蛋白质和酶的生化制备。该方法的缺点是准确度较差，主要原因有两个：其一，对于测定标准蛋白质中酪氨酸和色氨酸含量差异较大的蛋白质，有一定误差，故该法适用于测定与标准蛋白质氨基酸组成相似的蛋白质；其二，若样品中含有嘌呤、嘧啶等吸收紫外光的物质，会出现较大干扰。核酸在波长 280 nm 处也有强的吸收，但其对于 260 nm 紫外光的吸收更强；蛋白质恰恰相反，在 280 nm 的紫外吸收值大于 260 nm 的紫外吸收值。此时必须同时测定 260 nm 和 280 nm 的吸光度值，通过公式校正测定，以消除核酸的影响，进而推算出蛋白质浓度。

　　该法测定蛋白质的浓度范围为 0.1 ~ 1.0 mg/ml。

　　测定时可利用样品在波长 280 nm 及 260 nm 处的吸光度差值求出蛋白质的浓度，公式如下：

Lowry-Kalckar 公式：蛋白质浓度（mg/ml）$= 1.45A_{280} - 0.74A_{260}$

Warburg-Christian 公式：蛋白质浓度（mg/ml）$= 1.55A_{280} - 0.76A_{260}$

其中，$A_{260}$ 及 $A_{280}$ 分别表示测得的混合样品在波长 260 nm 及 280 nm 处的吸光度值。

## 实验器材与试剂

1. 器材　学生实验仪器一套、紫外分光光度计、0.5 ml 刻度吸量管 1 支、50 ml 容量瓶 1 个。
2. 材料及试剂　生理盐水、血清。

**实验步骤**

1. 准确吸取血清 0.1 ml，置于 50 ml 容量瓶中，用生理盐水稀释至 50 ml 刻度（即血清蛋白稀释 500 倍），在紫外分光光度计上分别测定稀释血清在波长 280 nm 及 260 nm 处的吸光度值。
2. 计算　按实验原理中 Lowry-Kalckar 或 Warburg-Christian 公式计算稀释血清蛋白质浓度。

**注意事项**

1. 测量吸光度时，比色皿要保持洁净，切勿用手沾污光面。
2. 使用完紫外分光光度计后，应用防尘罩将其盖好，并做好仪器使用记录。

**思考题**

1. 紫外分光光度法测定蛋白质浓度的原理是什么？
2. 影响紫外分光光度法测定准确性的因素有哪些？

# 第四节　二辛可酸法测定蛋白质含量

**实验目的**

1. 掌握二辛可酸法（BCA 法）测定蛋白质含量的原理。
2. 熟悉二辛可酸法测定蛋白质含量的实验技术。

**实验原理**

二辛可酸（bicinchonic acid，BCA）法的原理：在碱性条件下，蛋白质与 $Cu^{2+}$ 结合，将 $Cu^{2+}$ 还原为 $Cu^+$，一个 $Cu^+$ 螯合 2 个 BCA 分子，使 BCA 工作液的颜色由原来的苹果绿变成紫色，在 562 nm 处有最大吸光度值，且吸光度值与蛋白质浓度成正比。BCA 测定蛋白质的范围是 20～200 µg/ml；微量 BCA 测定蛋白质的范围是 0.5～10 µg/ml。该法具有操作简单、准确灵敏、经济实用、抗试剂干扰能力比较强等特点。

**实验器材与试剂**

1. 仪器　学生实验仪器一套、分光光度计、恒温水浴箱、移液管。
2. 材料及试剂
（1）试剂 A　取 1% BCA 二钠盐、2% 无水碳酸钠、0.16% 酒石酸钠、0.4% 氢氧化钠、0.95% 碳酸氢钠混合，调 pH 值至 11.25。

（2）试剂 B　4% 硫酸铜。

（3）BCA 工作液　试剂 A 100 ml ＋试剂 B 2 ml 混合。

（4）蛋白质标准液　用结晶牛血清白蛋白根据其纯度用生理盐水配制成 1.5 mg/ml 的蛋白质标准液（纯度可经凯氏定氮法测定蛋白质含量而确定）。

（5）待测样品　用双缩脲测定法的样品稀释而成。

## 实验步骤

1. 试剂的添加及吸光值的测定　取 7 支试管，分别进行编号，按表 6-3 在各管中加入相应的试剂。

表 6-3　BCA 法测定蛋白质含量中各管试剂的添加量

| 试剂 | 管号 | | | | | | |
|---|---|---|---|---|---|---|---|
| | 1 | 2 | 3 | 4 | 5 | 6（空白管） | 7（待测管） |
| 1.5 mg/ml 蛋白质标准液（μl） | 20 | 40 | 60 | 80 | 100 | – | – |
| 双蒸水（μl） | 80 | 60 | 40 | 20 | 0 | 100 | – |
| 待测样品（μl） | - | – | – | – | – | – | 100 |
| BCA 工作液（ml） | 2.0 | 2.0 | 2.0 | 2.0 | 2.0 | 2.0 | 2.0 |

2. 将各管溶液混匀，37℃ 保温 30 min，在 562 nm 波长处测定其吸光度值。

3. 标准曲线的绘制　在坐标纸上以吸光值为纵坐标，以蛋白质标准溶液浓度为横坐标，绘制出标准曲线（若标准曲线不呈直线，则应分析原因）。

4. 血清总蛋白浓度的计算

（1）标准曲线法　根据待测管吸光度值，在标准曲线上查出待测管中样品的浓度（$C_7$），再按下列公式计算待测血清总蛋白的浓度：

$$C_待（g/L）= C_7 \times 2.1 \times 10^{-3}$$

（2）标准样品对比法　选择与待测管吸光度（$A_7$）最接近的一管作为标准管进行计算。

$$C_待（g/L）= \frac{A_待}{A_标} \times \frac{V_标}{V_待} \times 1.5$$

式中，$C_待$ 为待测血清总蛋白浓度；$A_标$ 为选作标准管的试管中溶液所测定的吸光值；$A_待$ 为 7 号待测管中溶液所测定的吸光值；$V_标$ 为选作标准管的试管中所加入的蛋白质标准溶液的体积；$V_待$ 为 7 号待测管中加入的待测血清的体积。

## 注意事项

1. 新配制的 BCA 工作液室温密封条件下可稳定保存 24 h。

2. 随着时间延长，BCA 工作液的颜色会加深，故进行测定时必须用空白试剂调零且所有样品的测定需在 10 min 内完成，否则会影响蛋白质定量的准确度。

### 临床意义

1. BCA 是一种极敏感的蛋白质呈色剂，且对不同蛋白质的呈色几乎一致。
2. BCA 法是一种较好的对生物制品如酶蛋白等进行定量分析的方法。

### 思 考 题

1. BCA 法测定血清蛋白质含量的原理是什么？
2. BCA 法测定血清蛋白质含量的优点有哪些？

# 第五节　微量凯氏定氮法测定蛋白质含量

### 实验目的

1. 掌握微量凯氏定氮法测定蛋白质含量的原理。
2. 熟悉微量凯氏定氮法测定蛋白质含量的主要技术。

### 实验原理

生物材料的含氮量测定在生物化学研究中具有一定的意义，如蛋白质的含氮量约为 16%，测出含氮量则可推知蛋白含量。生物材料总氮量的测定通常采用微量凯氏定氮法。凯氏定氮法由于具有测定准确度高、可测定各种不同形态样品等两大优点，因而被公认为是测定食品、饲料、种子、生物制品、药品中蛋白质含量的标准分析方法。其原理如下：

1. 消化

有机物与浓硫酸共热，使有机氮全部转化为无机氮——硫酸铵。为加快反应，添加硫酸铜和硫酸钾的混合物，前者为催化剂，后者可提高硫酸沸点。这一步需 $1 \sim 3h$，视样品的性质而定。

2. 蒸馏

硫酸铵与 NaOH（浓）作用生成 $(NH_4)OH$，加热后生成 $NH_3$，$NH_3$ 可通过蒸馏导入过量酸中和，生成 $NH_4Cl$ 而被吸收。

3. 滴定

用过量标准 HCl 吸收 $NH_3$，剩余的酸可用标准 NaOH 滴定，所用 HCl 摩尔数减去滴定消耗的 NaOH 摩尔数，即为被吸收的 $NH_3$ 摩尔数。此法为回滴法，采用甲基红为指示剂，适用于 $0.2 \sim 2.0mg$ 的氮量测定。

### 实验器材与试剂

1. 仪器　学生实验仪器一套、微量凯氏定氮仪、刻度吸量管、微量滴定管、量筒、三角烧瓶、凯氏烧瓶、电炉、分析天平。

2. 材料及试剂

（1）实验材料　猪血清白蛋白。

（2）催化剂　硫酸铜：硫酸钾以 1：4 混合，研细。

（3）指示剂　0.1% 甲基红乙醇溶液。

（4）其他试剂　浓硫酸、30% 过氧化氢溶液、10 mol/L 氢氧化钠、0.01 mol/L 标准盐酸、0.3 mg/ml 标准硫酸铵。

## 实验步骤

1. 样品处理

称取猪血清白蛋白 50 mg，分别加入 2 个凯氏烧瓶中，另 2 个凯氏烧瓶为空白对照，不加样品。分别在每个凯氏烧瓶中加入约 500 mg 硫酸钾 – 硫酸铜混合物，再加 5 ml 浓硫酸。

2. 消化

将以上 4 个凯氏烧瓶置于通风橱中电炉上加热。在消化开始时应控制火力，不要使液体冲到瓶颈。待瓶内水汽蒸完，硫酸开始分解并放出 $SO_2$ 白烟后，适当加强火力，继续消化使瓶内液体微微沸腾，维持 2～3 h。待消化液变成褐色后，为了加速完成消化，可将烧瓶取下，稍冷，取 30% 过氧化氢溶液 1～2 滴滴加到烧瓶底部消化液中，再继续消化，直到消化液由淡黄色变成透明且呈淡蓝绿色，消化即完成。冷却后将瓶中的消化液倒入 50 ml 容量瓶中，并以蒸馏水洗涤烧瓶数次，将洗液并入容量瓶中，定容备用。

3. 蒸馏

（1）蒸馏器的洗涤　蒸汽发生器中盛有加有数滴 $H_2SO_4$ 的蒸馏水和数粒沸石。加热后，产生的蒸汽经贮液管、反应室至冷凝管，冷凝液体流入接收瓶。每次使用前，需用蒸汽洗涤 10 min 左右（此时可用一小烧杯承接冷凝水）。将一只盛有 5 ml 2% 硼酸液和 1～2 滴指示剂的锥形瓶置于冷凝管下端，使冷凝管管口插入液体中，继续蒸馏 1～2 min，如硼酸液颜色不变，表明仪器已洗干净。

（2）消化样品及空白的蒸馏　取 50 ml 锥形瓶数个，各加 25 ml 0.01 mol/L 标准 HCl 和 1～2 滴指示剂，用表面皿覆盖备用。取 2 ml 稀释消化液，由小漏斗加入反应室。将一个装有 0.01 mol/L 标准 HCl 和指示剂的锥形瓶放在冷凝管下，使冷凝器管口下端浸没在液体内。

用小量筒取 10 mol/L NaOH 溶液 5 ml，倒入小漏斗，让 NaOH 溶液缓慢流入反应室。尚未完全流尽时，夹紧夹子，向小漏斗加入约 5 ml 蒸馏水，同样缓缓放入反应室，并留少量水在漏斗内作水封。加热水蒸汽发生器，沸腾后，关闭收集器活塞。使蒸汽冲入蒸馏瓶内，反应生成的 $NH_3$ 逸出被吸收。待 $NH_3$ 蒸馏完全，移动锥形瓶使液面离开冷凝管口约 1 cm，并用少量蒸馏水冷凝管口。取下锥形瓶，以 0.01 mol/L NaOH 标准溶液滴定，记录所消耗的体积。

（3）蒸馏后蒸馏器的洗涤　蒸馏完毕后，移去热源，夹紧蒸汽发生器和收集器间的橡皮管，此时由于收集器温度突然下降，即可将反应室残液吸至收集器。

4. 样品的测定

在蒸馏样品及空白前，为了练习蒸馏和滴定操作，可用标准硫酸铵试做实验 2～3 次。标准硫酸铵的含氮量是 0.3 mg/ml，每次实验取 2 ml。

5. 计算

$$样品的含氮量（mg/ml）=[(A-B)\times 0.01\times 14\times N]\div V$$

若测定的蛋白质含氮部分只是蛋白质（如血清），则

$$样品中蛋白质含量（mg/ml）=[(A-B)\times 0.01\times 14\times 6.25\times N]\div V$$

式中，$A$ 为滴定空白消耗的 NaOH 平均毫升数；$B$ 为滴定样品消耗的 NaOH 平均毫升数；$V$ 为样品的毫升数；0.01 为 NaOH 的摩尔浓度；14 为氮的原子量；6.25 为系数（蛋白质的平均含氮量为 16％，由凯氏定氮法测出含氮量，再乘以系数 6.25 即为蛋白质量）；$N$ 为样品的稀释倍数。

## 注意事项

1. 检漏
必须仔细检查凯氏定氮仪的各个连接处，保证不漏气。
2. 清洗
蒸馏后应及时清洗定氮仪。
3. 加样
切勿使样品沾污凯氏烧瓶口部、颈部。
4. 消化
须斜放凯氏烧瓶（45℃左右），火力先小后大，避免黑色消化物溅到瓶口、瓶颈壁上。
5. 火力
蒸馏时，小心加入消化液。加样时，最好将火力调小或撤去。蒸馏时，切忌火力不稳，否则将发生倒吸现象。

## 思考题

1. 微量凯氏定氮法测血清蛋白质含量的原理是什么？
2. 微量凯氏定氮法测血清蛋白质含量的优点有哪些？

# 第六节　血清尿素氮的测定

## 实验目的

1. 掌握测定血清中尿素氮含量的原理。
2. 熟悉血清尿素氮测定的主要操作方法。
3. 了解血清尿素氮测定的临床意义。

## 实验原理

血清中的尿素在氨基硫脲存在下，与二乙酰－肟在强酸性溶液中混合加热，产生红色，颜色深浅与尿素含量成正比。与同样处理的尿素标准液比较，即可求得血清中尿素含量，进

而求得血清尿素氮的含量。

## 实验器材与试剂

1.仪器 学生实验仪器一套、分光光度计、恒温水浴锅、微量移液器、刻度吸量管。

2.材料及试剂

（1）二乙酰–肟–氨基硫脲（DAM-TSC）试剂 准确称取二乙酰–肟（化学名称为2,3-丁二酮–2–肟）0.6g，氨基硫脲0.03g，溶解于少量蒸馏水中，再用蒸馏水稀释至100ml。此溶液在室温是稳定的，在几天之后出现黄色不干扰该反应。

（2）60%磷酸溶液 取浓磷酸（浓度85%～87%）60ml，加入少量蒸馏水混匀，然后加蒸馏水至100ml。

（3）尿素标准液（100ml含20mg氮） 取尿素（分析纯）于65～70℃干燥至恒重（或置于干燥器中至少48h以使干燥）。准确称取241mg干燥尿素，溶解于少量蒸馏水中，转入500ml容量瓶中，加浓硫酸0.2ml，然后加蒸馏水定容至500ml，置冰箱保存。

（4）显色剂 临用之前取1份DAM–TSC,加5份60%磷酸液混合,此溶液在1h内是稳定的。

（5）待测血清。

## 实验步骤

1.取3支大试管分别标明空白管、待测管、标准管，按表6-4操作。

表6-4 血清尿素氮测定各管试剂加样表

| 试剂 | 空白管 | 待测管 | 标准管 |
| --- | --- | --- | --- |
| 蒸馏水（μl） | 10 | – | – |
| 血清（μl） | – | 10 | – |
| 尿素标准液（μl） | – | – | 10 |
| 显色剂（ml） | 5 | 5 | 5 |

2.用力振摇使之混匀，在沸水浴中加热20min，然后取出冷却到室温。

3.用分光光度计在波长530nm处，以空白管调零测定各管吸光度。

4.计算 根据Beer定律计算：

$$C_{N(待)} = A_{待} / A_{标} \cdot C_{N(标)}$$

式中,$C_{N(待)}$为待测血清的尿素浓度；$C_{N(标)}$为尿素标准液的浓度；$A_{待}$为待测管溶液的吸光度；$A_{标}$为标准管溶液的吸光度。

参考值 正常成人空腹血清尿素氮含量为：3.2～7.1mmol/L（9～20mg/dl）。

## 注意事项

1.本法标本用量极微，加样时必须准确，否则将导致人为的误差。

2. 用 DAM-TSC 法需用酸根离子产生颜色复合物，硫酸、硫酸 - 盐酸混合物、磷酸等酸均可显色，硫酸可使反应敏感度增加，最适浓度为 25%~30%，酸浓度再高将破坏颜色复合物；加少量盐酸于硫酸中，使其显色增加，从而大大增进显色与浓度的线性相关；磷酸显色的灵敏度虽有降低，但试剂高度稳定，配制简单，加之本法用血量极微，可适当加大样品量使显色增强，因此仍有实用价值。

3. 肌酐、肌酸、氨和 20 种不同的氨基酸，当其浓度达 100 mg/dl 时，在分析条件下均不与 DAM-TSC 产生颜色反应。

4. 若血清尿素含量太高，可用蒸馏水稀释显色液，此时应注意空白也应进行同样稀释，计算时应还原成血清的尿素氮浓度。

5. 显色剂对光敏感。在室温暗处 2h 显色强度无多大变化，置阳光明亮处 2h，显色强度显著降低。

6. 溶血、黄疸、高脂血症对本法无显著影响。

7. 血清、血浆（肝素、草酸盐及 EDTA 抗凝剂）均可采用本法测定。

## 临床意义

血液中尿素含量受多种因素的影响，分生理性和病理性因素两个方面。

1. 生理性因素

高蛋白饮食引起血清中尿素含量和尿液中排出量显著升高。血清尿素含量男性比女性平均高 0.3~0.5 mmol/L，随着年龄的增加有增高的倾向。成人日间生理变动平均为 0.63 mmol/L。妊娠妇女由于血容量增加，尿素含量比非孕妇低。

2. 病理性因素

血液中尿素含量增加的原因可分为肾前性、肾性和肾后性三方面因素。

（1）肾前性因素 失水引起血液浓缩，使肾血流量减少，肾小球滤过率减低而使血液中尿素潴留，常见于剧烈呕吐、幽门梗阻、肠梗阻和长期腹泻等。

（2）肾性因素 急性肾小球肾炎、肾病晚期、肾衰竭、慢性肾盂肾炎及中毒性肾炎都可出现血液中尿素含量增高，尤其对尿毒症的诊断有特殊价值，增高程度与病情严重性成正比。

（3）肾后性因素 前列腺肿大、尿路结石、尿道狭窄、膀胱肿瘤致使尿道受压等都可能使尿路阻塞，引起血液中尿素含量增加。

血尿素氮减少较少见，常提示严重的肝病，偶见于急性肝萎缩、中毒性肝炎、类脂质肾病等。

## 思 考 题

1. 简述血清尿素氮测定的原理。
2. 举例说明血清尿素氮测定的临床意义。

（郭 音 欧阳文英）

# 第七章 层析实验

## 第一节 纸层析法观察转氨基作用

### 实验目的

1. 掌握氨基酸纸层析的基本原理。
2. 熟悉氨基酸纸层析的操作方法。
3. 了解氨基酸纸层析的临床意义。

### 实验原理

转氨基作用是氨基酸代谢过程中的一个重要反应。在转氨酶的催化下，氨基酸的 $\alpha$- 氨基与 $\alpha$- 酮酸的 $\alpha$- 酮基的互换反应称为转氨基作用。转氨基作用广泛存在于机体各组织器官中，是体内氨基酸代谢的重要途径。氨基酸反应时均由专一的转氨酶催化，此酶催化氨基酸的 $\alpha$- 氨基转移到另一 $\alpha$- 酮酸的酮基上。各种转氨酶的活性不同，其中肝的丙氨酸氨基转移酶（ALT）催化如下反应：

$$\alpha\text{- 酮戊二酸} + \text{丙氨酸} \xrightarrow{\text{ALT}} \text{谷氨酸} + \text{丙酮酸}$$

本实验以丙氨酸和 $\alpha$- 酮戊二酸为底物，加肝匀浆保温后，用纸层析法检查谷氨酸的出现，以证明转氨基作用。纸层析属于分配层析，以滤纸为支持物，滤纸纤维与水亲和力强，水被吸附在滤纸的纤维素的纤维之间形成固定相。有机溶剂与水不相溶，将欲分离物质加到滤纸的一端，使流动溶剂经此向另一端移动，这样物质随着流动相的移动进行连续、动态的不断分配。由于物质分配系数的差异，移动速度就不一样，在固定相中分配趋势较大的组分，随流动相移动的速度慢；反之，在流动相中分配趋势较大的组分，移动速度快，最终不同的组分彼此分离。物质在纸上移动的速率可以用比移值 $R_f$ 表示：

$$R_f = \frac{\text{溶质层析点中心到原点中心的距离}（X）}{\text{溶剂前沿到原点中心的距离}（Y）}$$

同一氨基酸在相同的层析条件下 $R_f$ 值相同，不同氨基酸在相同层析条件下 $R_f$ 值不同，因此可以根据 $R_f$ 值来鉴定被分离的氨基酸。层析时，用显色剂茚三酮使氨基酸显色，将样品氨基酸的 $R_f$ 值与标准氨基酸的 $R_f$ 值比较，即可确定所分离氨基酸的种类。

## 实验器材与试剂

1.仪器　学生实验仪器一套、玻璃匀浆器、培养皿、表面皿、沸水浴锅、37℃恒温水浴箱、9cm圆形滤纸、烘箱、手术剪刀、分液漏斗、毛细玻璃管、铅笔。

2.材料及试剂

（1）0.01mol/L pH 7.4磷酸盐缓冲液　0.2mol/L $Na_2HPO_4$溶液81ml与0.2mol/L $NaH_2PO_4$溶液19ml混匀，用蒸馏水稀释20倍。

（2）0.1mol/L丙氨酸溶液　称取丙氨酸0.891g，先溶解于少量0.01mol/L pH 7.4磷酸盐缓冲液中，以1.0mol/L NaOH仔细调至pH7.4后，加磷酸盐缓冲液至100ml。

（3）0.1mol/L α-酮戊二酸　称取α-酮戊二酸1.461g，先溶解于少量0.01mol/L pH 7.4磷酸盐缓冲液中，以1.0mol/L NaOH仔细调至pH 7.4后，加磷酸盐缓冲液至100ml。

（4）0.1mol/L谷氨酸溶液　称取谷氨酸0.735g，先溶解于少量0.01mol/L pH 7.4磷酸盐缓冲液中，以1.0mol/L NaOH仔细调至pH 7.4后，加磷酸盐缓冲液至50ml。

（5）0.5%茚三酮溶液　称取茚三酮0.5g于100ml丙酮中溶解。

（6）层析溶剂　将重蒸过的酚2份和水1份按比例混合后，放入分液漏斗中，振荡，静置24h后分层，将下部酚层转移到瓶中备用。

（7）实验材料　新鲜动物肝。

## 实验步骤

1.肝匀浆制备

取新鲜动物肝0.5g，剪碎后放入匀浆器，加入冰的0.01mol/L pH 7.4磷酸盐缓冲液1.0ml，迅速研成匀浆，再加上述缓冲液4.5ml混匀，备用。

2.酶促反应过程

（1）取试管2支，分别进行编号（1为测定管，2为对照管），各加肝匀浆0.5ml。将对照管放沸水浴中加热10min，取出冷却。

（2）向以上两管各加0.1mol/L丙氨酸0.5ml，0.1mol/L α-酮戊二酸0.5ml，0.01mol/L pH 7.4磷酸盐缓冲液1.5ml，摇匀。

（3）37℃保温30min后取出。

（4）将测定管放沸水浴中煮10min，取出后冷却，过滤。

3.层析

（1）取圆形滤纸一张（直径9cm）放于洁净的白纸上，以圆点为中心，约1cm为半径，用铅笔划一圆线作为基线，在线上四等份处标清四点编号作为点样原点（图7-1）。

（2）点样　用四根毛细玻璃管分别进行点样。将丙氨酸液、谷氨酸液分别点在原点2、4处，将测定液、对照液分别点在原点1、3处。注意斑点不宜过大（应在直径0.5cm以下）。在第一次点样点干后，再在原处同样点第2次。

（3）层析　先在滤纸圆心处打一小孔（铅笔芯粗细），

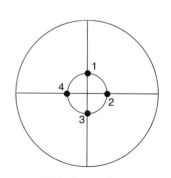

1.测定液　2.丙氨酸液
3.对照液　4.谷氨酸液

图7-1　纸层析法点样图

再取滤纸一条卷成灯芯状，上端插入滤纸中心孔中，下端剪成须状。

（4）将滤纸平放在上述培养皿上，使纸芯下端浸入层析液中，盖上培养皿盖。可见层析液沿纸芯上升到滤纸中心，渐向四周扩散。当层析液前沿到离滤纸边缘约 1 cm 时，约 25 min，取出滤纸，用镊子小心取下纸芯，放入烘箱中烘干。

（5）显色　将上述滤纸平放在培养皿上，滴 0.5% 茚三酮丙酮溶液，使滤纸全部湿润，再放入烘箱干燥，此时可见紫色斑出现。比较色斑的位置及色泽深浅，计算 $R_f$ 值，分析是否发生了转氨基反应。

4. 将实验结果记录在表 7-1 中。

表 7-1　纸层析法结果记录表

| 点样溶液 | 色斑个数 | 溶质层析点中心到原点中心的距离 | 溶剂前沿到原点中心的距离 | $R_f$ 值 |
|---|---|---|---|---|
| 测定管上清液 | | | | |
| 丙氨酸液 | | | | |
| 对照管上清液 | | | | |
| 谷氨酸液 | | | | |

## 注意事项

1. 层析点样时手要洗干净，操作中尽可能少接触滤纸，手只能拿滤纸的边缘，以免手指的汗迹等污染显色，影响对结果的观察分析。

2. 层析液中含有腐蚀性酚，取用时应注意安全，防止溅到皮肤及眼睛。

3. 点样点不宜过大，直径小于 0.5 cm。

4. 滤纸芯卷得不要太紧，且要呈圆筒状，否则展层不呈圆形。

5. 展层完毕后要划出溶剂前沿的轮廓，然后再干燥，以便计算 $R_f$ 值。

6. 展开剂在滤纸上的各个方向上移动的速度不完全相同，如顺纹理方向溶剂移动的速度要快一些。因此，计算 $R_f$ 值时不能一概而论。

## 临床意义

转氨酶主要存在于肝细胞中，包括谷丙转氨酶和谷草转氨酶，当肝细胞发生炎症、坏死时，转氨酶释放入血中，就会引起转氨酶浓度升高。因此，转氨酶高一般提示有肝损害。转氨酶高常见于肝病患者，不同的肝病患者转氨酶高造成的危害也不同。

1. 转氨酶轻度增高

多种疾病都会造成转氨酶的轻度增高，如中毒性休克、流感、风湿性心肌炎、肺结核、网状细胞增多症、急性胰腺炎、胆囊炎、活动性风湿性心脏病、营养性肝病、前列腺肥大、多囊肝、锑剂治疗中毒等。

2. 转氨酶中度增高

多见于慢性肝炎活动期、肝硬化代偿期、阻塞性黄疸、迁延性肝炎、弥漫性肝癌、急性风湿热、心肌梗死等。

3.转氨酶显著增高

急性传染性肝炎、乙型病毒性肝炎会造成转氨酶的显著增高，此时应当及时进行治疗，以防疾病进一步加重。

### 思 考 题

1.测定 $R_f$ 值的意义是什么？
2.纸层析法分离氨基酸的原理是什么？
3.本实验中固定相、流动相各是什么？

# 第二节　薄层层析法分离 AMP、ADP 和 ATP

### 实验目的

1.掌握薄层层析法的基本原理。
2.熟悉 DEAE 纤维素薄层层析分离、鉴定核苷酸的操作方法。
3.了解薄层层析法的临床意义。

### 实验原理

薄层层析（thin-layer chromatography）或称薄层色谱，是以涂布于支持板上的支持物作为固定相，以合适的溶剂为流动相，对混合样品进行分离、鉴定和定量的一种层析分离技术。

二乙氨基乙基纤维素简称 DEAE 纤维素，是弱碱性阴离子交换剂，pH 3.5 左右，分子结构中的氮原子解离成季铵型，带负电荷的核苷酸离子可被交换上去。利用各种核苷酸的结构不同，因而和 DEAE 纤维素亲和力的大小也不同，从而达到分离的目的。

### 实验器材与试剂

1.仪器　学生实验仪器一套、玻璃板（4.5 cm×20 cm）、布氏漏斗或离心机、涂布器（薄层厚度 0.6 mm）、毛细管、吹风机、烘箱、托盘天平、紫外分析灯（波长 254 nm）、铅笔。

2.材料及试剂

（1）0.05 mol/L pH 3.5 柠檬酸 - 柠檬酸钠缓冲液　称取柠檬酸·$2H_2O$ 16.20 g，柠檬酸钠·$2H_2O$ 6.70 g，溶解在 2000 ml 水中，调 pH 至 3.5。

（2）标准核苷酸　10 mg/ml AMP 溶液、10 mg/ml ADP 溶液、10 mg/ml ATP 溶液。

（3）混合核苷酸　AMP+ADP+ATP（均为 10 mg/ml）。

（4）1 mol/L HCl 溶液。

（5）DEAE 纤维素。

## 实验步骤

1. DEAE 纤维素的预处理

用 4 倍体积的水将 DEAE 纤维素浸泡过夜，离心或抽干。再用 1 mol/L 盐酸溶液浸泡 4 h（或搅拌 1.5 h），用水洗至中性或在 60℃以下烘干备用。

2. 铺板

用水将经过预处理的 DEAE 纤维素在烧杯里调成糊状，立即倒入干净的玻璃板上。轻轻摇动玻璃板，使纤维素铺成均匀的薄层；或将糊状物倒至涂布器的槽内，用涂布器将纤维素涂成薄层（厚 0.6 mm）。将玻璃板先放在水平桌面上静置片刻，再放入 60℃烘箱内烘干备用。

3. 点样

在距 DEAE 纤维素板一端 2 cm 处用铅笔轻轻划一横线，在横线中央用毛细管点样（图 7-2）。每次点样后，用冷风吹干，每种样品点 2～3 次。

1. AMP；2. ADP；3. ATP；
4.（AMP+ADP+ATP）混合核苷酸

**图 7-2　薄层层析点样图**

4. 展层

在 250 ml 烧杯内倒入约 1 cm 深的 pH 3.5 柠檬酸 – 柠檬酸钠缓冲液（约 30 ml）。将点过样的薄板倾斜插入此烧杯内（点样端在下），溶液由下而上流动，当溶剂前沿到达距薄板上端约 1 cm 处时（25 min 左右），取出薄板，用热风吹干。用波长 254 nm 的紫外灯照射 DEAE- 纤维素薄层，核苷酸斑点为暗区。DEAE 纤维素可回收，经再处理可反复使用。最后，用铅笔画出实验结果。

## 注意事项

1. 铺板用的匀浆不宜过稠或过稀。匀浆过稠,板容易出现拖动或停顿造成层纹；匀浆过稀，水蒸发后，板表面较粗糙。匀浆的稀稠度除影响板的平滑外，也影响板涂层的厚度，进一步影响上样量。涂层薄，点样易过载；涂层厚，显色不那么明显。板表面应均匀、平整、无麻点、无气泡、无破损及污染。

2. 尽量用小的点样管，点的斑点较小，展开的色谱图分离度好，颜色分明。若因样品溶液过稀，可重复点样，但应待前次点样的溶剂挥发后方可重新点样，以防样点过大，造成拖尾、扩散等现象，而影响分离效果。点样时必须注意勿损伤薄层表面。

## 临床意义

薄层层析法用以进行药品的鉴别、杂质检查或含量测定，能十分有效地快速分离诸如脂肪酸、类固醇、氨基酸、核苷酸、生物碱及其他多种物质。

## 思考题

1. 铺板的匀浆为何不宜过稠或过稀？
2. 样品溶液如过稀该如何点样？为什么？

# 第三节    离子交换层析分离混合氨基酸

## 实验目的

1. 掌握离子交换层析的工作原理。
2. 熟悉离子交换层析分离混合氨基酸的操作方法。
3. 了解离子交换层析分离混合氨基酸的临床意义。

## 实验原理

离子交换层析（ion exchange chromatography, IEC）是根据待测物质的阳离子或阴离子和相对应的离子交换剂间的静电结合，即根据物质的酸碱性、极性等差异，通过离子间的吸附和解吸附的原理将溶液中的各组分分开。由于不同物质所带电荷不同，其对离子交换剂就会有不同的亲和力，然后通过改变洗脱液的 pH 值，就可使这些组分按亲和力大小顺序依次从层析柱上被洗脱下来。

离子交换树脂是一种合成的高聚物，不溶解于水，能吸水膨胀。高聚物分子由能电离的极性基团和非极性树脂组成。极性基团上的离子能与溶液中的离子起交换作用，而非极性树脂本身性质不变。通常离子交换树脂按所带的基团分为强酸（$-R-SO_3H$）、弱酸（$-COOH$）、强碱（$-N^+-R$）和弱碱（$-NH-NR-NR_2$）。离子交换树脂分离小分子物质如氨基酸、腺苷、腺苷酸等是比较理想的，但对生物大分子物质如蛋白质是不适当的，因为它们不能扩散到树脂的链状结构中。因此若要分离生物大分子，可选用以多糖聚合物如纤维素、葡聚糖为载体的离子交换剂。

本实验用磺酸阳离子交换树脂分离酸性氨基酸（天冬氨酸）、中性氨基酸（丙氨酸）、碱性氨基酸（赖氨酸）的混合液。由于这三种氨基酸的等电点分别为 3.22、5.48、9.74，在 pH 4.2 条件下，它们解离程度不同，分别带负电荷和不同量的正电荷，在离子交换柱上的迁移速度也不同，因此按被洗脱下来的顺序不同，可将这三种不同的氨基酸分离开。离子交换反应如下：

$$R-SO_3H + M^{n+} \longrightarrow R-SO_3M + nH^+$$

## 实验器材与试剂

1. 仪器    学生实验仪器一套、层析柱（0.8 ～ 1.2 cm × 25 cm）、铁架台、沸水浴锅、分光光度计。
2. 材料及试剂
（1）pH 4.2 柠檬酸缓冲液    0.1 mol/L 柠檬酸 54 ml 加 0.1 mol/L 柠檬酸钠 46 ml。
（2）pH 5.0 醋酸缓冲液    0.2 mol/L 醋酸钠 70 ml 加 0.2 mol/L 乙酸 30 ml。
（3）0.2% 中性茚三酮溶液    0.2 g 茚三酮加 100 ml 丙酮。
（4）氨基酸混合液    丙氨酸、天冬氨酸、赖氨酸各 10 ml，加 0.1 mol/L HCl 3 ml。

（5）磺酸阳离子交换树脂 (Dowex 50)。

（6）其他试剂　12 mol/L HCl、0.1 mol/L HCl、12 mol/L NaOH、0.1 mol/L NaOH。

### 实验步骤

1. 树脂的处理

100 ml 烧杯中置约 10 g 干树脂，加 25 ml 12 mol/L HCl 搅拌 2 h，倾弃酸液，用蒸馏水充分洗涤树脂至中性。加 25 ml 12 mol/L NaOH 至上述树脂中搅拌 2 h，倾弃碱液，用蒸馏水洗涤至中性。将树脂悬浮于 50 ml pH 4.2 柠檬酸缓冲液中备用。

2. 装柱

将层析柱底部垫玻璃棉或海绵圆垫，自顶部注入经处理的上述树脂悬浮液，关闭层析柱出口，待树脂沉降后，放出过量的溶液，再加入适量树脂，至树脂沉积至 16 ~ 18 cm 高度即可。于层析柱顶部继续加入 pH 4.2 柠檬酸缓冲液洗涤，使流出液 pH 为 4.2 为止，关闭柱子出口，保持液面高出树脂表面 1 cm 左右。装柱要求连续、均匀、无分层、无气泡等现象发生。

3. 加样、洗脱

打开层析柱出口，使缓冲液流出，待液面几乎平齐树脂表面时关闭出口（不可使树脂表面干燥）。用长滴管将 15 滴氨基酸混合液沿靠近树脂表面的管壁慢慢加到树脂顶部（注意不可破坏树脂平面），打开出口使其缓慢流入柱内。当液面刚平树脂表面，即样品进入柱内时，加入 0.1 mol/L HCl 3 ml，以 10 ~ 12 滴 /min 的流速洗脱，收集洗脱液，每管 20 滴，收集 5 管，注意勿使树脂表面干燥。

4. 洗脱液收集

在树脂顶部，改加入 0.1 mol/L NaOH，打开出口使其缓慢流入柱内，注意仍然保持流速 10 ~ 12 滴 / 分），收集洗脱液，每管 20 滴，收集 7 管。

5. 测定

对收集的洗脱液编号并逐管用茚三酮溶液检验氨基酸的洗脱情况。方法是于各管洗脱液中加 10 滴 pH 5.0 醋酸缓冲液和 10 滴中性茚三酮溶液，沸水浴中煮 10 min，如溶液呈紫蓝色，表示已有氨基酸洗脱下来。显色的深度可代表洗脱的氨基酸浓度。

6. 洗脱曲线的绘制

以蒸馏水作空白管，在 570 nm 波长测各管洗脱液的吸光度，以洗脱液管号为横坐标，以吸光度为纵坐标，绘制一条洗脱曲线。

### 注意事项

1. 在装柱时必须防止气泡、分层及柱子液面在树脂表面以下等现象发生。

2. 一直保持流速 10 ~ 12 滴 / 分，并注意勿使树脂表面干燥。

### 临床意义

离子交换层析技术在生物化学及临床生化检验中主要用于分离氨基酸、多肽及蛋白质，也可用于分离核酸、核苷酸及其他带电荷的生物分子。

## 思 考 题

1. 为什么混合氨基酸能从磺酸阳离子交换树脂上逐个洗脱下来？
2. 树脂能否再生？如果能，如何回收再生？

（王　琳）

# 第八章 电泳实验

## 第一节 SDS-聚丙烯酰胺凝胶电泳法测定蛋白质的分子量

### 实验目的

1. 掌握 SDS-PAGE 的原理。
2. 熟悉 SDS-PAGE 测定蛋白质分子量的方法。
3. 了解 SDS-PAGE 测定蛋白质分子量的临床意义。

### 实验原理

十二烷基磺酸钠 – 聚丙烯酰胺凝胶电泳（SDS-PAGE）是目前用于测定蛋白质分子量最好的方法。在聚丙烯酰胺凝胶电泳中，蛋白质的迁移率取决于它所带净电荷以及分子的大小和形状等因素。

SDS-PAGE 是在聚丙烯酰胺凝胶系统中加入阴离子去污剂 SDS，它能断裂分子内和分子间的氢键，破坏蛋白质的二级结构和三级结构。大多数蛋白质可以与 SDS 按一定比例结合，使各种蛋白质-SDS 复合物都带相同密度的负电荷，大大超过了蛋白质分子原来所带电荷量，因而掩盖了不同种蛋白质间原有的电荷差别。SDS 与蛋白质结合后，还可引起构象改变，蛋白质-SDS 复合物形成近似"雪茄烟"形的长椭圆棒，不同蛋白质的 SDS 复合物的短轴长度都不一样。因此，蛋白质-SDS 复合物在凝胶中的迁移率取决于蛋白质分子量的大小，而与蛋白质本身的电荷和形状无关，因而 SDS-聚丙烯酰胺凝胶电泳可以用于测定蛋白质的分子量。

### 实验器材与试剂

1. **仪器** 学生实验仪器一套、夹心式垂直板电泳槽、凝胶模（135 mm×100 mm×1.5 mm）、直流稳压电源（电压 300～600 V，电流 50～100 mA）、1ml 注射器及 6 号长针头、微量注射器（10 μl 或 50 μl）、水泵或油泵、真空干燥器、培养皿（直径 120 mm）。

2. **材料及试剂**

（1）标准蛋白质 目前国内、外均有厂商生产低分子量及高分子量标准蛋白质成套试剂盒，用于 SDS-PAGE 测定未知蛋白质分子量。

（2）高分子量标准蛋白试剂盒 详见表8-1。同时按说明书要求处理。

（3）低分子量标准蛋白试剂盒 详见表8-2。每种蛋白含量为40μg。用时加入200μl样品溶解，经处理后，上样10μl（2μg）就能显示出清晰的条带。

表 8-1 5种高分子量标准蛋白质

| 蛋白质名称 | 分子量 | 来源 |
| --- | --- | --- |
| 甲状腺球蛋白 | 669 000 | 猪甲状腺 |
| 铁蛋白 | 440 000 | 马肺 |
| 过氧化氢酶 | 232 000 | 牛肝 |
| 乳酸脱氢酶 | 140 000 | 牛心 |
| 血清清蛋白 | 67 000 | 牛血清 |

表 8-2 5种低分子量标准蛋白质

| 蛋白质名称 | 分子量 |
| --- | --- |
| 磷酸化酶 b | 94 000 |
| 牛血清白蛋白 | 67 000 |
| 肌动蛋白 | 43 000 |
| 磷酸酐酶 | 30 000 |
| 烟草花叶病毒外壳蛋白 | 17 500 |

（4）配制低分子量或高分子量标准蛋白质混合试剂 用标准蛋白试剂盒，或参考常用的标准蛋白质及其分子量表，从中选择3~5种蛋白质，如马心细胞色素C（分子量12 500）、牛胰胰凝乳蛋白酶原A（分子量25 000）、猪胃胃蛋白酶（分子量35 000）、鸡卵卵清蛋白（分子量43 000）、牛血清白蛋白（分子量67 000）等，按照每种蛋白0.5~1 mg/ml样品溶解液配制。可配制成单一蛋白质标准液，也可配成混合蛋白质标准液。

（5）不连续体系SDS-PAGE有关试剂

①10%（$W/V$）SDS溶液：称5g SDS，加重蒸水至50ml，微热使其溶解，置试剂瓶中，4℃贮存。SDS在低温易析出结晶，用前微热，使其完全溶解。

②1%TEMED（$V/V$）：取1ml TEMED，加重蒸水至100ml，置棕色瓶中，4℃贮存。

③10%AP（$W/V$）：称AP 1g，加重蒸水至10ml。最好临用前配制。

④样品溶解液：内含1%SDS、1%巯基乙醇、40%蔗糖或20%甘油、0.02%溴酚蓝、0.01 mol/L pH8.0 Tris-HCl缓冲液。先配制0.05 mol/L pH8.0 Tris-HCl缓冲液：称Tris 0.6g，加入50ml重蒸水，再加入约3ml 1mol/L HCl，调pH至8.0，最后用重蒸水定容至100ml。按表8-3配制样品溶解液，如样品为液体，则应用浓1倍的样品溶解液，然后等体积混合。

表 8-3 不连续体系样品溶解液配制

| SDS | 巯基乙醇 | 溴酚蓝 | 蔗糖 | 0.05 mol/L Tris-HCl | 加重蒸水至最后总体积为 |
| --- | --- | --- | --- | --- | --- |
| 100 mg | 0.1 ml | 2 mg | 4 g | 2 ml | 10 ml |

（6）凝胶贮液

① 30% 分离胶贮液：配制方法与连续体系相同，称取 Acr 30 g、Bis 0.8 g，溶解于重蒸水中，最后定容至 100 ml，过滤后置棕色试剂瓶中，4℃贮存。

② 10% 浓缩胶贮液：称取 Acr 10 g、Bis 0.5 g，溶解于重蒸水中，最后定容至 100 ml，过滤后置棕色试剂瓶中，4℃贮存。

（7）凝胶缓冲液

① 分离胶缓冲液（3.0 mol/L pH 8.9 Tris-HCl 缓冲液）：称取 Tris 36.3 g，加少许重蒸水使其溶解，再加 1 mol/L HCl 约 48 ml 调 pH 至 8.9，最后加重蒸水定容至 100 ml，4℃贮存。

② 浓缩胶缓冲液（0.5 mol/L pH 6.7 Tris-HCl 缓冲液）：称取 Tris 6.0 g，加少许重蒸水使其溶解，再加 1 mol/L HCl 约 48 ml 调 pH 至 6.7，最后用重蒸水定容至 100 ml，4℃贮存。

③ 电极缓冲液（内含 0.1%SDS，0.05 mol/L Tris，0.384 mol/L 甘氨酸缓冲液 pH 8.3）：称取 Tris 6.0 g，甘氨酸 28.8 g，加入 SDS 1 g，加蒸馏水使其溶解后定容至 1000 ml。

（8）1% 琼脂（糖）溶液　称取琼脂（糖）1 g，加电极缓冲液 100 ml，加热使其溶解，4℃贮存，备用。

（9）固定液　取 50% 甲醇 454 ml，冰乙酸 46 ml 混匀。

（10）染色液　称取考马斯亮蓝 R-250 0.125 g，加上述固定液 250 ml，过滤后应用。

（11）脱色液　冰乙酸 75 ml，甲醇 50 ml，加蒸馏水定容至 1000 ml。

## 实验步骤

1. 安装夹心式垂直板电泳槽

夹心式垂直板电泳槽操作简单，不易渗漏。这种电泳槽两侧为有机玻璃制成的电极槽，两个电极槽中间夹有一个凝胶模，该模由 1 个 U 形硅胶框、长短不一的两块玻璃板及样品槽模板（梳子）所组成。电泳槽由上贮槽（白金电极在上或面对短玻璃板）、下贮槽（白金电极在下或面对长玻璃板）和回纹状冷凝管组成，两个电极槽与凝胶模间靠贮液槽螺丝固定。各部件依下列顺序组装：

（1）将长、短玻璃板分别插到 U 形硅胶框的凹形槽中。注意勿用手接触灌胶面的玻璃。

（2）将已插好玻璃板的凝胶模平放在上贮槽上，短玻璃板应面对上贮槽。

（3）将下贮槽的销孔对准已装好螺丝销钉的上贮槽，双手以对角线的方式旋紧螺丝帽。

（4）竖直电泳槽，在长玻璃板下端与硅胶框交界的缝隙内加入已融化的 1% 琼脂（糖）。其目的是封住空隙，凝固后的琼脂（糖）中应避免有气泡。

2. 配胶及凝胶板的制备

（1）配胶　所需试剂用量见表 8-4。

电极缓冲液为 pH 8.3 Tris-甘氨酸缓冲液，内含 0.1% SDS。

（2）SDS-不连续体系凝胶板的制备

① 分离胶的制备：按表 8-4 配制 20 ml 10% 分离胶，混匀后用细长头滴管将凝胶液加至长、短玻璃板间的缝隙内，约 8 cm 高，用 1 ml 注射器取少许蒸馏水，沿长玻璃板板壁缓慢注入，至 3～4 mm 高，以进行水封。约 30 min 后，凝胶与水封层间出现折射率不同的界线，则表示凝胶完全聚合。倾去水封层的蒸馏水，再用滤纸条吸去多余水分。

② 浓缩胶的制备：按表 8-4 配制 10 ml 3% 浓缩胶，混匀后用细长头滴管将浓缩胶加到已

表 8-4 SDS-不连续体系凝胶配制

| 试剂名称 | 配制 20ml 不同浓度分离胶所需要的各种试剂量（ml） | | | | 配制 10ml 浓缩胶所需试剂用量（ml） |
| --- | --- | --- | --- | --- | --- |
| | 5% | 7.5% | 10% | 15% | 3% |
| 分离胶（30%Acr-0.8%Bis） | 3.33 | 5.00 | 6.66 | 10.00 | – |
| 分离胶缓冲液（pH 8.9 Tris-HCl） | 2.50 | 2.50 | 2.50 | 2.50 | – |
| 浓缩胶（10%Acr-0.5%Bis） | – | – | – | – | 3.00 |
| 浓缩胶缓冲液（pH 6.7 Tris-HCl） | – | – | – | – | 1.25 |
| 10% SDS | 0.20 | 0.20 | 0.20 | 0.20 | 0.10 |
| 1% TEMED | 2.00 | 2.00 | 2.00 | 2.00 | 1.00 |
| 双蒸水 | 11.87 | 10.20 | 8.54 | 5.20 | 4.60 |
| | 混匀后，置真空干燥器中，抽气 10min | | | | |
| 10%AP | 0.10 | 0.10 | 0.10 | 0.10 | 0.05 |

聚合的分离胶上方，直至距离短玻璃板上缘约 0.5cm 处，轻轻将样品槽模板插入浓缩胶内，约 30min 后凝胶聚合，再放置 20～30min，使凝胶"老化"。小心拔去样品槽模板，用窄条滤纸吸去样品凹槽中多余的水分，将 pH 8.3 Tris-甘氨酸缓冲液倒入上、下贮槽中，应没过短板约 0.5cm 以上，即可准备加样。

3. 样品的处理与加样

（1）样品的处理 根据分子量标准蛋白试剂盒的要求加样品溶解液，每一安瓿则需加入 200μl 样品溶解液，自己配制标准品及未知样品，按 0.5～1mg/ml 样品溶解液溶解后，将其转移到带塞小离心管中，轻轻盖上盖子（不要塞紧以免加热溢出），在 100℃沸水浴中保温 3min，取出冷却后加样。如处理好的样品暂时不用，可放在 -20℃冰箱保存较长时间，使用前在 100℃沸水中加热 3min，以除去亚稳态聚合。

（2）加样 一般每个凹形样品槽内，只加一种样品或已知分子量的混合标准蛋白质，加样体积要根据凝胶厚度及样品浓度灵活掌握，一般加样体积为 10～15μl（即 2～10μg 蛋白）。如样品较稀，加样体积可达 100μl；如样品槽中有气泡，可用注射器针头挑除。加样时，将微量注射器的针头通过电极缓冲液伸入加样槽内，尽量接近底部，轻轻推动微量注射器，注意针头勿碰破凹形槽胶面。由于样品溶解液中含有比重较大的蔗糖或甘油，因此样品溶液会自动沉降在凝胶表面形成样品层。

4. 电泳

分离胶聚合后是否进行预电泳应根据需要而定。SDS 预电泳采用 30mA，60～120min。在电极槽中倒入 pH 8.3 Tris-HCl 电极缓冲液，内含 0.1% SDS 即可进行电泳。在制备浓缩胶后，不能进行预电泳，因为预电泳会破坏 pH 环境，如需要电泳只能在分离胶聚合后，并用分离胶缓冲液进行。预电泳后将分离胶面冲洗干净，然后才能制备浓缩胶。电泳条件也不同于连续 SDS-PAGE，开始时电流为 10mA 左右，待样品进入分离胶后，改为 20～30mA，当染料前沿距硅胶框底边 1.5 cm 时，停止电泳，关闭电源。

5.凝胶板剥离与固定

电泳结束后，取下凝胶模，卸下硅胶框，用不锈钢药铲或镊子撬开短玻璃板，在凝胶板切下一角作为加样标志，在两侧溴酚蓝染料区带中心，插入细铜丝作为前沿标记。将凝胶板放在大培养皿内，加入固定液，固定过夜。

6.染色与脱色

将染色液倒入培养皿中，染色 1 h 左右，用蒸馏水漂洗数次，再用脱色液脱色，直到蛋白质区带清晰，即可计算相对迁移率。

7.结果与分析

（1）绘制标准曲线　将大培养皿放在一张坐标纸上，量出加样端距细铜丝间的距离（cm）以及各蛋白质样品区带中心与加样端的距离（cm），以标准蛋白质的相对迁移率为横坐标，标准蛋白质分子量为纵坐标在半对数坐标纸上作图，可得到一条标准曲线。

（2）根据未知蛋白质样品相对迁移率，直接在标准曲线上查出其分子量。

（3）分析各蛋白质相对迁移率高低主要的决定因素。

## 注意事项

1. 由于与凝胶聚合有关的硅胶条、玻璃板表面不光滑洁净，在电泳时会造成凝胶板与玻璃板或硅胶条剥离，产生气泡或滑胶，剥胶时凝胶板易断裂。为防止该现象产生，所用器材均应严格清洗。硅胶条的凹槽、样品槽模板及电泳槽用泡沫海绵蘸取洗涤剂仔细清洗。玻璃板浸泡在重铬酸钾洗液中 3~4 h 或 0.2 mol/L KOH 乙醇溶液中 20 min 以上，用清水洗净，再用泡沫海绵蘸取洗涤剂反复刷洗，最后用蒸馏水冲洗，直接阴干或用乙醇冲洗后阴干。

2. 安装电泳槽和镶有长、短玻璃板的硅胶框时，位置要端正，均匀用力旋紧固定螺丝，以免缓冲液渗漏。样品槽板梳齿应平整光滑。

3. 在不连续电泳体系中，预电泳只能在分离胶聚合后进行。洗净胶面后才能制备浓缩胶。浓缩胶制备后，不能进行预电泳，以充分利用浓缩胶的浓缩效应。

4. 电泳时，电泳仪与电泳槽间正、负极不能接错，以免样品反方向泳动。应选用合适的电流、电压，过高或过低都可影响电泳效果。

5. SDS 纯度　在 SDS-PAGE 中，需高纯度的 SDS，市售化学纯 SDS 需重结晶一次或两次方可使用。重结晶方法如下：称 20 g SDS 放在圆底烧瓶中，加 300 ml 无水乙醇及约半牛角匙活性炭，在烧瓶上接一冷凝管，在水浴中加热至乙醇微沸，回流约 10 min，用热布氏漏斗趁热过滤。滤液应透明，冷却至室温后，移至 -20℃冰箱中过夜。次日用预冷的布氏漏斗抽滤，再用少量 -20℃预冷的无水乙醇洗涤白色沉淀 3 次，尽量抽干，将白色结晶置真空干燥器中干燥或置 40℃以下的烘箱中烘干。

6. 用 SDS 处理蛋白质样品时，每次都应在沸水浴中保温 3~5 min，以免有亚稳聚合物存在。

7. 标准蛋白质的相对迁移率最好在 0.2~0.8 均匀分布。值得指出的是，每次测定未知物分子量时，都应同时用标准蛋白制备标准曲线，而不是利用过去的标准曲线。用此法测定的分子量只是它们的亚基或单条肽链的分子量，而不是完整的分子量。为测得精确的分子量范围，最好用其他测定蛋白分子量的方法加以校正。此法对球蛋白及纤维状蛋白的分子量测定较好，对糖蛋白、胶原蛋白等分子量测定差异较大。

8. 对样品的要求　应采用低离子强度的样品，如样品中离子强度高，则应透析或经离子交换除盐。加样时，应保持凹形加样槽胶面平直。加样量以 10 ～ 15 µl 为宜，如样品系较稀的液体状，为保证区带清晰，加样量可增加，同时应将样品溶解液浓度提高 2 倍或更高。

9. 由于凝胶中含 SDS，直接制备干板会产生龟裂现象。如需制干板，则用 25% 异丙醇内含 7% 乙酸浸泡，并经常换液，直到 SDS 脱尽（需 2 ～ 3 天）才可制备干板。为方便起见，常采用照相法，保存照片。

### 临床意义

1. 临床上常用 SDS-PAGE 用于血清蛋白质的分离与纯化。通过 SDS-PAGE 将纯化后的患者血清样品蛋白与正常人的血清纯化蛋白中各组分蛋白进行比对，其结果可以作为临床分析的依据。

2. SDS-PAGE 是 Western blotting 检测的重要环节，可以用于一些致病蛋白质的分析。例如 HIV、肝炎病毒等病例的确诊。

3. 尿蛋白快速 SDS-PAGE 测定，对于肾病的定位、评估和预后判断有较高的临床价值。

### 思考题

1. SDS 在电泳中的作用是什么？
2. 为什么用 SDS 处理蛋白质样品时，每次都要在沸水浴中保温 3 ～ 5 min？

# 第二节　等电点聚焦（IEF）分离血清蛋白质

### 实验目的

1. 掌握等电点聚焦（IEF）分离血清蛋白质的原理。
2. 熟悉等电点聚焦（IEF）分离血清蛋白质的方法。
3. 了解等电点聚焦（IEF）分离血清蛋白质的临床意义。

### 实验原理

等电点聚焦（IEF）是在电场中分离蛋白质技术的一个重要发展，是在稳定的 pH 梯度中按等电点（pI）的不同，分离两性大分子的平衡电泳方法。

在电场中充有两性载体和抗对流介质，当加上电场后，由于两性载体移动的结果，在两极间逐步建立稳定的 pH 梯度，当蛋白质分子或其他两性分子存在于这样的 pH 梯度中时，这种分子便会由于其表面电荷在此电场中运动，并最终达到一个使其表面净电荷为 0 的区带，这时的 pH 即为该分子的 pI。聚焦在等电点 pI 的分子也会不断扩散，一旦偏离其 pI 后，由于 pH 环境的改变，分子又立即得到正电荷或负电荷，从而又向 pI 迁移。因此，这些分子总会处于不断扩散和抗扩散的平衡中，在 pI 处得以"聚焦"。

## 实验器材与试剂

1.仪器 学生实验仪器一套、高压电泳仪、IEF 槽、离心机。

2.材料及试剂

（1）材料 血清蛋白样品。

（2）电极液 1mol/L 磷酸（阳极液）、1mol/L 氢氧化钠（阴极液）。

（3）固定液 100g 三氯乙酸、10g 磺基水杨酸溶解于 500ml 水中，定容为 1000ml。

（4）染色液 0.35g 考马斯亮蓝 R–250 溶解于 300ml 脱色液中，加热到 60~70℃，加入 0.3g 硫酸铜。

（5）脱色液 25% 乙醇、8% 冰乙酸溶解于水。

（6）样品缓冲液 1% Ampholine（载体两性电解质）、2% Triton X-100（聚乙二醇辛基苯基醚）、9mol/L 尿素。

（7）其他试剂 聚丙烯酰胺、甲乙聚丙烯酰胺、两性电解质、尿素、NP-40、Triton X-100。

## 实验步骤

1.样品制备

用 IEF 样品缓冲液提取待分析样品，如其他缓冲液提取的样品则应透析后，冷冻干燥，再复溶解于 IEF 样品缓冲液。充分溶解后，离心去除不溶性杂质。

2.制胶

（1）制模具 洗干净两块 IEF 专用玻璃板，进行硅化和反硅化处理，两块玻璃板的硅化和反硅化面相对，放上夹条，夹子夹好。

（2）配胶 胶液组成：

　　　　6ml 胶母液（10%，19/1）6%~8%尿素

　　　　1ml Ampholine（pH 3.5~10）

　　　　60~80μl 10%AP

　　　　5μl TEMED

（3）灌胶 配好的胶迅速灌入模具。

3.电泳

等胶凝固后，小心揭去上、下玻璃板，将塑料垫片底部擦干，小心放于电泳槽上。在胶面两边各放一根浸透电极缓冲液的电极条。在胶面上任意位置上放置小擦镜纸片，在纸片上加样，盖上盖子，恒定功率 25W 电泳，约 10min 后，暂停电泳，取下纸片，继续电泳约 30min，待电流达 4mA 以下，停止电泳。

4.表面电极测定蛋白质的 pI。

5.固定

取出塑料片，放入固定液中 15min。

6.染色

取出塑料片放入染色液中 65℃染色，直至条带出现。

7. 可脱色至背景消除后干燥保存。

8. 结果分析

见图 8-1。

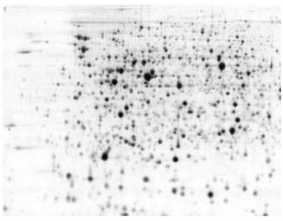

图 8-1 等电点聚焦结果

## 注意事项

1. 两性电解质是等电点聚焦的关键试剂，其含量为 2% ~ 3% 较合适，能形成较好的 pH 梯度。

2. 丙烯酰胺最好是经过重结晶的。

3. 过硫酸铵一定要新鲜配制。

4. 所有用水都需用重蒸水。

5. 样品必须无离子，否则电泳时样品区带可能走歪、拖带或根本不成带。

6. 平板等电点聚焦电泳的胶很薄，当电流稳定在 8 mA，电压上升到 550 V 以上，由于阴极漂移，造成局部电流过大，会导致胶承受不了而被烧断。

## 临床意义

1. 分析等电点聚焦电泳结果，有助于临床疾病诊断的参考。

2. 等电点聚焦电泳与免疫技术相结合，可以扩大其临床应用的范围。

3. 利用等电点聚焦电泳进行同工酶谱分析，可以提高诊断率。

## 思 考 题

1. 等电点聚焦电泳结果为什么要进行"固定"这项操作？

2. 染色液为什么要加热到 65℃？

（李 帆）

# 第九章 酶 学 实 验

## 第一节 血清谷丙转氨酶的活性测定

### 实验目的

1. 掌握测定血清谷丙转氨酶的原理。
2. 熟悉测定血清谷丙转氨酶的操作方法。
3. 了解测定血清谷丙转氨酶的临床意义。

### 实验原理

血清中谷丙转氨酶（ALT）可催化丙氨酸与 α-酮戊二酸转变成丙酮酸和谷氨酸。在一定条件下，血清中含谷丙转氨酶越多，则反应速度越快，生成的丙酮酸也越多。丙酮酸能与2,4-二硝基苯肼作用，生成黄色的丙酮酸-2,4-二硝基苯腙。在碱性条件下，上述产物呈棕红色，颜色的深浅与丙酮酸的含量成正比。与经过同样处理的丙酮酸钠标准溶液进行比色，即可推算出血清中谷丙转氨酶的活性。

### 实验器材与试剂

1. 仪器　学生实验仪器一套、分光光度计、恒温水浴箱、微量移液器。
2. 材料及试剂
（1）谷丙转氨酶（ALT）检测试剂盒。
（2）0.4 mol/L NaOH 溶液。

### 实验步骤

1. 取3支小试管，标明空白管、标准管和待测管，按表9-1所示试剂量依次在各管加入试剂。
2. 将各试管内液体混匀后静置3 min，在510 nm波长处测定其吸光度值并记录数据。

表 9-1　血清谷丙转氨酶活性测定试剂添加表

| 试剂 | 空白管 | 标准管 | 待测管 |
|---|---|---|---|
| 蒸馏水（μl） | 50 | – | – |
| 标准液（μl） | – | 50 | – |
| 样品（μl） | – | – | 50 |
| 基质液（μl） | 250 | 250 | 250 |
| 置 37℃水浴或温箱中 30 min 后取出 | | | |
| 显色剂（μl） | 250 | 250 | 250 |
| 置 37℃水浴或温箱中 20 min 后取出 | | | |
| 0.4 mol/L NaOH（ml） | 2.5 | 2.5 | 2.5 |

3. 结果计算

根据 Beer 定律计算：

$$C_{待}=A_{待}/A_{标} \times C_{标}（C_{标}=100\,U/L）$$

式中，$C_{待}$ 为待测血清谷丙转氨酶浓度；$C_{标}$ 为标准液中谷丙转氨酶浓度；$A_{待}$ 为待测管吸光度值；$A_{标}$ 为标准管吸光度值。

## 注意事项

1. 本实验需取新鲜的血清做样品，因为血清中的酶在外环境中久置容易失活。

2. 如果天气寒冷，从人体采集新鲜血液之后需放至 37℃水浴箱中静置 5～10 min，这样能降低溶血现象发生的概率。

3. 在恒温水浴箱加热过程中，水浴箱的盖子不能盖上，防止水蒸气进入试管影响实验结果的准确性。

## 临床意义

谷丙转氨酶以肝中含量最多。当肝细胞损害，谷丙转氨酶释放入血，血清中谷丙转氨酶增多，谷丙转氨酶的增加值与肝细胞受损程度成正比。

1. 谷丙转氨酶显著升高

见于各种肝炎急性期、药物中毒性肝细胞坏死。

2. 谷丙转氨酶中度增高

见于肝癌、肝硬化、慢性肝炎及心肌梗死。

3. 谷丙转氨酶轻度增加

见于阻塞性黄疸及胆道炎症等疾患。

## 思考题

1. 谷丙转氨酶活性在哪些组织中含量较高？
2. 测定血清谷丙转氨酶有何临床意义？

# 第二节　丙二酸对琥珀酸脱氢酶的竞争性抑制作用

## 实验目的

1. 掌握酶的竞争性抑制作用的特点。
2. 熟悉酶的竞争性抑制作用测定的主要操作方法。

## 实验原理

酶的竞争性抑制是一种可逆性抑制作用，当物质的化学结构与酶的底物相似时，可与底物竞争结合酶的活性中心，进而降低酶的活性，酶活性降低的程度与抑制物和底物浓度比例成正比。

琥珀酸脱氢酶是三羧酸循环中一种重要的代谢酶，可催化琥珀酸脱氢生成延胡索酸，生成的氢原子可将蓝色的甲烯蓝还原成无色的甲烯白。具体反应式如下：

$$琥珀酸 + FAD \xrightarrow{\text{琥珀酸脱氢酶}} 延胡索酸 + FADH_2$$

$$FADH_2 + 甲烯蓝（MB） \xrightarrow{\text{无氧}} FAD + 甲烯白（MBH_2）$$

丙二酸与琥珀酸空间结构相似，可竞争结合琥珀酸脱氢酶的活性中心，降低酶的活性，进而阻止琥珀酸的脱氢反应。本实验通过改变丙二酸及琥珀酸的浓度比例，验证酶活性的降低程度。

## 实验器材与试剂

1. 仪器　学生实验仪器一套、培养皿、匀浆器、纱布、手术剪、离心管、恒温水浴箱、低速离心机。
2. 材料及试剂
（1）实验材料　新鲜猪肝组织。
（2）0.1 mol/L 磷酸盐缓冲液（pH 7.4）　称取 $Na_2HPO_4 \cdot 7H_2O$ 22.5 g、$KH_2PO_4$ 2.16 g 溶解于蒸馏水中，定容至 1 000 ml。
（3）其他试剂　0.2 mol/L 琥珀酸钠、0.2 mol/L 丙二酸钠、0.02% 甲烯蓝、液体石蜡。

## 实验步骤

1. 琥珀酸脱氢酶的分离提取

称取 6g 新鲜猪肝于培养皿中，用手术剪剪碎，转移至匀浆器中，加入 0.1 mol/L 磷酸盐缓冲液（pH7.4）6 ml，充分匀浆后，再加入 6 ml 磷酸盐缓冲液，混匀后转移至 50 ml 离心管，3 500 r/min 离心 5 min，取上清液备用。

2. 配制竞争性抑制作用反应体系

取 6 支干净大试管，依次编号，按表 9-2 所示在各试管中添加试剂。其中试管 5 加入的酶提取液应预先在 100℃ 恒温水浴箱中灭活 10 min。

表 9-2　酶竞争性抑制作用实验试剂添加表

|  | 试管 1 | 试管 2 | 试管 3 | 试管 4 | 试管 5 | 试管 6 |
|---|---|---|---|---|---|---|
| 酶提取液（ml） | 1 | 1 | 1 | 1 | 1 | – |
| 0.2 mol/L 琥珀酸钠（ml） | 1 | 1 | 1 | 1 | 1 | 1 |
| 0.2 mol/L 丙二酸钠（ml） | – | 0.5 | 1 | 2 | – | – |
| 蒸馏水（ml） | 2 | 1.5 | 1 | – | 2 | 3 |
| 0.02% 甲烯蓝（ml） | 1 | 1 | 1 | 1 | 1 | 1 |
| 颜色变化程度 |  |  |  |  |  |  |

3. 各试管反应体系配制完成后充分混匀，倾斜试管，沿试管内壁加入 1 ml 液体石蜡以隔绝空气，置于 37℃ 恒温水浴箱中保温 10 min，保温过程中切忌摇动试管，防止空气进入。

4. 观察并记录结果　完全无颜色变化组标记"0"，以 –、– –、– – –、– – – – 表示不同程度的颜色消退。

## 注意事项

1. 酶提取液制备必须现取现用，且操作迅速，防止酶的活性降低。
2. 加入液体石蜡时应缓慢倾斜加入，防止气泡产生。
3. 观察颜色变化时，切忌摇动试管，以免空气进入。

## 临床意义

抑制剂对酶的抑制分为可逆性抑制作用和不可逆性抑制作用。可逆性抑制是指酶与抑制剂非共价结合，不破坏酶的结构。酶的竞争性抑制是一种可逆性抑制，通过调节底物与抑制剂的浓度比例来调节抑制程度。临床上磺胺类药物的广谱抗菌作用是酶的可逆性抑制的实例。磺胺类药物与对氨基苯甲酸相似，当前者浓度在体内远大于后者时，可在细菌体内的二氢叶酸合成过程中取代对氨基苯甲酸，阻断二氢叶酸的合成。这就直接导致微生物的四氢叶酸合成受阻，影响核苷酸和核酸的合成，使细菌不能进行 DNA 复制，细胞不能分裂增殖，从而达到杀菌的效果。

## 思 考 题

1. 什么是酶的竞争性抑制? 竞争性抑制作用的特点有哪些?
2. 封蜡操作的目的是什么? 观察颜色变化时，为什么切忌摇动试管?

# 第三节　乳酸脱氢酶同工酶活性测定

## 实验目的

1. 掌握乳酸脱氢酶同工酶活性测定的原理及临床意义。
2. 熟悉醋酸纤维薄膜电泳技术。

## 实验原理

乳酸脱氢酶（lactate dehydrogenase，LDH）广泛存在于各种组织细胞中，以肾含量为最高，临床测定中组织特异性较差，故通常通过测定乳酸脱氢酶同工酶谱来判定其组织来源，以辅助临床诊断。

乳酸脱氢酶依据其亚基（H–心肌型，M–骨骼肌型）组成不同，有 5 种同工酶形式：$LDH_1$、$LDH_2$、$LDH_3$、$LDH_4$ 和 $LDH_5$，具体亚基组成如表 9–3 所示。

表 9–3　LDH 同工酶的亚基组成

| 乳酸脱氢酶 | $LDH_1$ | $LDH_2$ | $LDH_3$ | $LDH_4$ | $LDH_5$ | $LDH_x$ |
|---|---|---|---|---|---|---|
| 亚基 | $H_4$ | $H_3M$ | $H_2M_2$ | $HM_3$ | $M_4$ | $S_4$ |

H 和 M 亚基的一级结构已知，M 亚基含碱性氨基酸较多，因此在 pH 8.6 缓冲液中，各组分向正极移动的速度不同，从而可以将几种乳酸脱氢酶进行分离。

本实验可采用偶联酶试剂法定量测定 LDH 同工酶活性。具体反应式如下：

还原型氯化硝基四氮唑蓝（NBT）的颜色深浅与 LDH 同工酶的活性成正比，且在波长 560 nm 处具有特征性吸收峰，因此可通过测定其吸光度值，求出各同工酶的相对含量。

### 实验器材与试剂

1. 仪器 学生实验仪器一套、匀浆器、醋酸纤维素薄膜、分光光度计、点样器、表面皿、培养皿、滤纸、镊子。

2. 材料及试剂

（1）实验材料 血清。

（2）巴比妥缓冲液（pH 8.6） 称取巴比妥钠 6.38 g、巴比妥 0.83 g，溶解于蒸馏水中，定容至 5 000 ml。

（3）0.1 mol/L 磷酸缓冲液（pH 7.4） 称取 $Na_2HPO_4 \cdot 7H_2O$ 22.5 g、$KH_2PO_4$ 2.16 g，溶解于蒸馏水中，定容至 1 000 ml。

（4）0.5 mol/L 乳酸钠溶液 60% 乳酸钠溶液 5 ml，加 0.1 mol/L 磷酸盐缓冲液 45 ml，混合，冰箱保存。

（5）吩嗪甲酯硫酸盐（PMS）溶液 10 mg PMS 溶解于 10 ml 蒸馏水中，移入棕色瓶中，置冰箱保存。溶液如果出现绿色，则不能使用。

（6）0.3% 氯化硝基四氮唑蓝（NBT） 称取 30 mg NBT，溶解于 10 ml 蒸馏水中。

（7）烟酰胺腺嘌呤二核苷酸（$NAD^+$）。

（8）浸出液 氯仿与乙醇按体积比 9：1 混合。

（9）染色合剂 电泳结束前 15 min 配制，避光。组成如下：

| | |
|---|---|
| 0.55 mol/L 乳酸钠溶液 | 0.4 ml |
| PMS 溶液 | 0.3 ml |
| NBT 溶液 | 0.8 ml |
| $NAD^+$ | 10 mg |

（10）10% 乙酸溶液 1 ml 乙酸溶液，加 9 ml 蒸馏水，混匀。

### 实验操作

1. 血清制备

采集 5 ml 外周血，37℃孵育 10 min 后，3 500 r/min 离心 5 min，取上清液，备用。

2. 薄膜准备

将醋酸纤维素薄膜切成 2 cm×8 cm 大小，在无光泽面距一端 1.5 cm 处用铅笔轻轻划一直线作点样标记，并编号。将薄膜置于巴比妥缓冲液中，完全浸透（约 30 min）至薄膜无白色斑点，备用。

3. 制作"滤纸桥"

剪裁尺寸合适的滤纸桥，取双层附着在电泳槽的支架上，使其一端与支架的前沿对齐，而另一端浸入缓冲液中。待缓冲液将滤纸全部润湿后驱除气泡，使滤纸紧贴在支架上，即"滤纸桥"。其作用是联系醋酸纤维素薄膜和两极缓冲液之间的"桥梁"。

4. 点样

取出浸泡好的薄膜，用滤纸吸去多余的缓冲液。毛面向上，于毛面膜的一端划线处采用"印章法"点样。点样处距离膜边缘约 1.5 cm，位置居中，注意点样量适当。待样品渗入膜内后，将点样面朝下置于电泳槽的支架上，点样端放在负极，平衡 5~10 min。

5. 电泳

设置电压 120~160 V，电流 0.6~1.0 mA/cm，电泳 45 min 左右。

6. 保温与染色

取另一薄膜（乙膜）浸入染色合剂中，充分渗透后取出平铺于一块载玻片上。断电，取出电泳薄膜（甲膜），用滤纸吸去两端缓冲液，小心将甲膜的点样面覆盖于乙膜上（为避免干燥，操作宜快，两层膜之间不能产生气泡，必须一次盖好，盖上膜后勿拖动），置于瓷盆中（加适量水以保持湿度），加盖，37℃保温 20 min 即可显色。

7. 定量

用 10% 乙酸溶液漂洗甲、乙膜 3 次。将甲、乙膜晾干后作薄膜扫描，或剪下区带浸入 2 ml 浸出液中，在波长 560 nm 比色，求得相对含量。

8. 计算

先计算各部分光密度之和 $T=L_1+L_2+L_3+L_4+L_5$，进一步可求得

$$LDH_X（\%）=L_X/T \times 100\%$$

## 注意事项

1. 转膜操作应迅速，两层膜之间不能产生气泡，盖上膜后勿拖动。
2. PMS 必须避光低温保存，若呈现绿色状态则不可使用。

## 临床意义

乳酸脱氢酶广泛存在于人体的各个组织中，当这些组织受到损伤时，LDH 会释放至血清中，引起血清 LDH 含量变化，但 LDH 的组织特异性差，无法利用其含量来判定组织来源。LDH 同工酶在不同组织中的分布差异性较大，每个组织都有特定的同工酶酶谱。当某一组织病变受损时，其酶谱可以在血液中反映出来。正常人血清中同工酶分布为 $LDH_2>LDH_1>LDH_3>LDH_4>LDH_5$。一些癌组织有特定的同工酶酶谱（如出现胚肝型同工酶）。因此，测定血清中同工酶酶谱，观察其动态变化，有助于一些疾病的诊断和预后。例如，心肌梗死时血清 $LDH_1$ 和 $LDH_2$ 活性明显增高；血清 $LDH_5$ 活性增高往往提示肝病，而血清 $LDH_3$ 活性增高则常见于肺部疾病。

## 思考题

1. 临床检测时为什么不直接测定 LDH 的活性，而是测定 LDH 同工酶活性？
2. LDH 同工酶活性测定有什么临床意义？

（李 帆 汪 茗）

# 第十章  糖类与脂类实验

## 第一节  酶法（GOD–POD）测定血清葡萄糖含量

### 实验目的

1. 掌握酶法（GOD-POD）测定血清葡萄糖含量的原理。
2. 熟悉酶法（GOD-POD）测定血清葡萄糖含量的操作方法。
3. 了解血糖变化的临床意义。

### 实验原理

本实验利用两种酶（GOD—葡萄糖氧化酶和POD—过氧化物酶）偶联酶反应定量测定血清葡萄糖含量。具体反应如下：

$$葡萄糖 + O_2 \xrightarrow{\text{GOD}} 葡萄糖酸 + H_2O_2$$

$$H_2O_2 + 4\text{-}氨基安替比林 + 酚 \xrightarrow{\text{POD}} 醌亚胺染料（红色）+ H_2O$$

醌亚胺染料在波长 500 nm 处有特征性吸收峰，其颜色的深浅与葡萄糖的浓度成正比。本实验采用已知浓度的葡萄糖溶液作标准管，经反应测定其 $A$ 值（$A_标$），待测样品在同样条件下反应后测定其 $A$ 值（$A_待$）。通过计算可得样品中葡萄糖的浓度。

### 实验器材与试剂

1. 器材  学生实验仪器一套、分光光度计、比色皿、恒温水浴箱、低速离心机、离心管。
2. 材料及试剂
（1）酶试剂  葡萄糖氧化酶＞1 200 U/L，过氧化物酶＞1 200 U/L（U 是酶的活性单位），4-氨基安替比林 0.8 mmol/L。
（2）0.1 mol/L 磷酸盐缓冲液（pH 7.4）  称取 $Na_2HPO_4 \cdot 7H_2O$ 22.5 g，$KH_2PO_4$ 2.16 g，溶解于蒸馏水中，定容至 1 000 ml。
（3）葡萄糖标准液  5.55 mmol/L(100 mg/dl)。

## 实验步骤

1.酶工作液配制

酶试剂与磷酸盐缓冲液根据实际标本量,临用前按体积比 1:4 混匀,2~8℃可保存 1 个月。

2.标本处理

抽取全血 3~5ml,置 37℃ 恒温水浴箱保温 5min,3500r/min 离心 5min,取上清液,备用。

3.取 3 支小试管,并标明空白管、标准管和待测管,按表 10-1 所示在各管添加相应试剂。

表 10-1    酶法测定血清葡萄糖含量各管试剂添加量

| 试剂 | 空白管 | 标准管 | 待测管 |
| --- | --- | --- | --- |
| 蒸馏水（μl） | 10 | – | – |
| 标准葡萄糖（μl） | – | 10 | – |
| 待测血清（μl） | – | – | 10 |
| 酶工作液（ml） | 1.5 | 1.5 | 1.5 |

（1）3 支试管为一组对照,所加入试剂量及一切反应条件（反应温度、湿度及时间）应保持一致。

（2）酶工作液的体积视当时的反应条件而定,此为建议值,反应后的红色溶液吸光度值适当（$A$ 值在 0.2~0.5）即可。

（3）10μl 液体不易精确加入,实验时要仔细检查微量移液器的密封性。此外,微量移液器 Tip 头外壁沾有的少许残留液体应在提出试剂瓶前在瓶口刮掉。

4.各管试剂加好后混匀,置 37℃ 水浴箱保温 20min,用 0.5cm 光径比色皿在 500nm 波长下比色。

5.记录 $A$ 值,并进行计算。根据 Beer 定律计算:

因        $A_待 / A_标 = C_待 / C_标$    （因每一管中加入的其他试剂体积一致）

故        $C_待 = C_标 \cdot A_待 / A_标$

式中,$C_待$ 为待测血清葡萄糖浓度;$C_标$ 为标准液葡萄糖浓度;$A_待$ 为待测管溶液吸光度值;$A_标$ 为标准管溶液吸光度值。

代入已知数据即得结果。

## 注意事项

1.吸取标准液后应立即盖上瓶盖,以防水分挥发。

2.液体混浊或有絮状物视为失效。

3.本法特异性高,维生素 C、谷胱甘肽、左旋多巴等可引起负偏差。

## 临床意义

血糖是人体内的重要能量来源，其含量受到体内激素及其他多种因素共同调节。正常情况下空腹血糖含量维持在稳定水平（本法测得正常人血糖值为 3.89 ~ 6.11 mmol/L），其含量测定可用作代谢综合征例如糖尿病的临床检测指标。

空腹血糖含量低于 3.0 mmol/L 时，临床指示低血糖。低血糖分为生理性低血糖和病理性低血糖。生理性低血糖产生的原因有饥饿或剧烈运动等；病理性低血糖产生的原因有胰岛素分泌异常、肝功能严重衰退等。

空腹血糖含量高于 7.22 ~ 7.78 mmol/L 时，临床指示高血糖。血糖浓度高于 8.89 ~ 10.00 mmol/L，即超过了肾小管重吸收葡萄糖的能力，在尿液中可检测出葡萄糖，称为糖尿。高血糖性糖尿分为生理性和病理性两种。如摄食过多或输入大量葡萄糖，可引起饮食性高血糖；情绪激动或精神紧张，肾上腺素分泌增加，可出现情感性高血糖；如血糖升高超过肾阈值出现糖尿，则为生理性糖尿；而胰岛素分泌障碍或升高血糖激素分泌亢进所导致的高血糖，出现的糖尿属病理性糖尿。

## 思考题

1. 正常人的血糖为什么能维持在一定水平？
2. 胰岛素和肾上腺素对血糖有何影响？为什么？
3. 本实验测定血糖的基本原理是什么？在哪些情况下需做血糖含量的测定？

# 第二节　酶法测定血清三酰甘油

## 实验目的

1. 掌握酶法测定血清三酰甘油的原理。
2. 熟悉酶法测定血清三酰甘油的操作方法。
3. 了解血清三酰甘油含量变化的临床意义。

## 实验原理

三酰甘油（triacylglycerol），又称甘油三酯（triglyceride，TG）。本实验利用偶联酶法定量测定血清三酰甘油含量。血清三酰甘油在脂蛋白酯酶（LPL）催化下，水解为脂肪酸和甘油，甘油在甘油激酶（GK）催化下磷酸化，生成 3- 磷酸甘油，3- 磷酸甘油被甘油磷酸氧化酶（GPOD）氧化成磷酸二羟丙酮和 $H_2O_2$，最后以偶联终点比色法（Trinder 反应）测定 $H_2O_2$。具体反应式为：

$$三酰甘油 + H_2O \xrightarrow{LPL} 甘油 + 脂肪酸$$

$$甘油 + ATP \xrightarrow{GK} 3-磷酸甘油 + ADP$$

$$3-磷酸甘油 + H_2O + O_2 \xrightarrow{GPOD} 磷酸二羟丙酮 + H_2O_2$$

$$H_2O_2 + 4-氨基安替比林 + 酚 \xrightarrow{POD} 醌亚胺染料 + H_2O$$

生成的红色醌亚胺染料在 500 nm 波长处具有特征性吸收峰，且显色程度与三酰甘油浓度成正比。实验时采用已知浓度的三酰甘油标准液作标准管，经反应测定其 $A$ 值（$A_标$），待测样品在同样条件下反应后测定其 $A$ 值（$A_待$）。通过计算可得到样品中三酰甘油的浓度。

## 实验器材与试剂

1. 器材　学生实验仪器一套、分光光度计、比色皿、恒温水浴箱、低速离心机、离心管。
2. 材料及试剂
（1）酶试剂　脂蛋白酯酶 > 3 000 U/L、甘油激酶 > 1 000 U/L、磷酸甘油氧化酶 > 2 000 U/L、过氧化物酶 > 2 000 U/L、ATP > 0.5 mmol/L、4-氨基安替比林 > 0.3 mmol/L。
（2）0.1 mol/L 磷酸盐缓冲液（pH 7.4）　称取 $Na_2HPO_4 \cdot 7H_2O$ 22.5 g、$KH_2PO_4$ 2.16 g 溶解于蒸馏水中，定容至 1 000 ml。
（3）TG 标准液　2.26 mmol/L（200 mg/dl）。

## 实验步骤

1. 标本处理
抽取全血 3 ~ 5 ml，置 37℃ 恒温水浴箱保温 10 min，3 500 r/min 离心 5 min，取上清液，备用。
2. 取 3 支洁净小试管，标明空白管、标准管和待测管，按表 10-2 所列加入相应试剂。混匀后，于水浴箱中 37℃ 水浴保温 5 min 后，用 0.5 cm 光径比色皿在 500 nm 波长下以空白管进行调零，比色。

表 10-2　酶法测定血清三酰甘油各管试剂添加量

| 试剂 | 空白管 | 标准管 | 待测管 |
| --- | --- | --- | --- |
| 蒸馏水（μl） | 15 | – | – |
| TG 标准液（μl） | – | 15 | – |
| 待测血清（μl） | – | – | 15 |
| 酶工作液（ml） | 1.5 | 1.5 | 1.5 |
| 吸光度值（$A$） | | | |

3.记录相应吸光度值 $A$，并计算 TG 含量：

$$TG 含量（mmol/L）=C_{标} \times \frac{A_{待}}{A_{标}}$$

其中，$C_{标}$ 为标准管 TG 浓度；$A_{待}$ 为待测管吸光度值；$A_{标}$ 为标准管吸光度值。

### 注意事项

1.本法采用的酶试剂须在 2～8℃避光保存，可保持稳定性 1 周，若出现红色状态则不可使用。

2.测得的 TG 值包括游离甘油含量，故血清必须及时测定，避免游离甘油含量增高。

### 临床意义

TG 主要在肝组织合成，98% 以上储存在脂肪组织中，主要生理功能为氧化供能。血清 TG 含量受年龄、性别、饮食习惯等影响，在个体内及个体间差异较大，与动脉粥样硬化、心肌梗死、脑卒中及糖尿病等多种疾病相关。在病理条件下，各细胞合成及储存的 TG 含量显著上升，因此，定时进行血液及组织中 TG 测定，对于代谢综合征的诊断及预后具有重要的指示意义。

本法测得人血清三酰甘油的正常值为 0.22～1.69 mmol/L。TG 升高常见于原发性高甘油三酯血症、糖尿病、甲状腺功能减退、高血压、冠心病、肾病综合征等；TG 降低常见于甲状腺功能亢进、肝功能严重低下等。

### 思考题

1.体内三酰甘油只有一种成分吗？为什么？

2.本法测定的血清三酰甘油会出现正偏差还是负偏差？为什么？

（汪　茗）

# 第十一章　核酸分离纯化技术

## 第一节　外周血白细胞 DNA 提取（微量法）

### 实验目的

1. 掌握真核细胞 DNA 制备的原理。
2. 熟悉微量法提取外周血白细胞 DNA 的方法。
3. 了解提取外周血白细胞 DNA 的临床意义。

### 实验原理

真核细胞 DNA 分子存在于细胞核中。在破碎细胞后，为防止脱氧核糖核酸酶（DNase）降解 DNA 分子，需加入酶抑制剂乙二胺四乙酸二钠（EDTA-2Na）和蛋白变性剂如十二烷基硫酸钠（SDS）及蛋白酶 K（或 E）等。另外，SDS 和蛋白酶 K（或 E）还可使与 DNA 分子结合的蛋白质解离。

DNA 的纯化常用苯酚萃取，其原理是苯酚使蛋白质变性，经离心分层后，变性蛋白质分配在高浓度的酚相和两相界面处（相分配萃取），而核酸分配在水相中，再利用乙醇浓缩水相中的 DNA 可达到沉淀并纯化 DNA 的目的。

### 实验器材与试剂

1. 仪器　学生实验仪器一套、冷冻离心机、水浴锅、冰箱、离心管、微量移液器、冰盒。
2. 材料及试剂（一般均要求分析纯）
（1）10× 红细胞裂解缓冲液

| | |
|---|---|
| $NH_4Cl$ | 82.9 ml |
| $KHCO_3$ | 10 g |
| EDTA-2Na | 0.37 g |
| 灭菌双蒸水 | 定容至 1 000 ml |

过滤除菌，4℃保存。
（2）核酸裂解液

| | |
|---|---|
| 2 mol/L Tris-HCl（pH 8.2） | 0.5 ml |

| | |
|---|---|
| 4 mol/L NaCl | 10 ml |
| 0.5 mol/L EDTA | 0.4 ml |
| 双蒸水 | 定容至 100 ml |

高压灭菌，4℃冰箱保存备用。

（3）TE 缓冲液（pH 8.0）  1 ml 1 mol/L Tris-HCl（pH 8.0），0.2 ml 0.5 mmol/L EDTA-2Na（pH 8.0），定容至 100 ml，高压灭菌，4℃冰箱保存备用。

（4）其他试剂  10%（W/V）SDS、20 μg/μl 蛋白酶 K 或 E、RNaseA、苯酚、氯仿、无水乙醇。

（5）实验材料  人新鲜全血（EDTA-2Na 抗凝）。

## 实验步骤

1. 取 0.5 ml 新鲜全血（EDTA-2Na 抗凝）置于 1.5 ml 离心管中。

2. 加入 2~3 倍 1× 红细胞裂解缓冲液。

3. 混匀，置冰上 30 min，间或混匀 3~5 次，使溶液透明。

4. 4℃，12 000 r/min 离心 10 min。

5. 弃上清液，在留有沉淀的离心管中加入 0.2 ml 核酸裂解液，用枪头打散混匀。

6. 再加入 15 μl 10% SDS 混匀，直到沉淀变为黏稠透明状。

7. 加入 1 μl（20 μg/μl）蛋白酶 K，混匀。

8. 置于 55℃水浴锅，消化 6 h 以上或过夜。

9. 加入等体积苯酚：氯仿（1:1）混匀，12 000 r/min 离心 10 min。

10. 吸取上清液，转移至另一支 1.5 ml 离心管中，弃去沉淀。

11. 加入等体积氯仿，摇匀，12 000 r/min 离心 10 min。

12. 吸取上清液，转移至另一支 1.5 ml 离心管中，弃去沉淀。

13. 加 2 倍体积的预冷无水乙醇（-20℃），室温下轻轻颠倒混匀，静置 10 min，12 000 r/min 离心 10 min，弃上清液。

14. 沉淀用 75% 乙醇洗涤 2 次，12 000 r/min 离心 10 min，弃上清液，置室温下自然干燥。

15. 加入含有 RNaseA 的 20 μl TE 缓冲液溶解沉淀，-20℃保存备用。

## 注意事项

1. 因苯酚为腐蚀剂，操作时应戴手套，另外要防止手上核酸酶或细菌污染 DNA 样品。

2. 所有试剂均用高压灭菌双蒸水配制；所有用品均需要高温高压灭菌处理，防止 DNaseA 污染。

3. 在乙醇沉淀后注意不要把 DNA 沉淀倒掉。

4. 混匀试剂、吸取上清液等操作时动作应轻柔，尽量减少对溶液中 DNA 的机械破坏。

5. 用此方法提取的 DNA 纯度可以满足一般实验目的，如构建基因组文库、Southern 杂交、PCR 等。

## 临床意义

基因组 DNA 含有细胞中全部的遗传信息。在分子生物学实验中，常用来自 EDTA 抗凝或枸橼酸钠抗凝的外周血做 DNA 来源。该方法能快速、简单、有效、无毒地从新鲜血液和凝血中提取 DNA，是遗传性疾病、胎儿产前无创伤诊断、肿瘤和传染性疾病等早期确诊的重要手段和技术。

临床上可用此方法来确定某些病例，例如通过提取患者外周血白细胞中结核分枝杆菌 DNA，联合使用聚合酶链反应（PCR）技术扩增 DNA，检测并确定是否患有肺结核。

## 思 考 题

1. 加入 SDS、苯酚纯化 DNA 的目的分别是什么？
2. 分离、纯化 DNA 时，为了保持其完整性及纯度，实验操作中应注意哪些问题？

# 第二节　微量快速质粒 DNA 的提取与纯化

## 实验目的

1. 掌握碱裂解法制备质粒的原理。
2. 熟悉小量质粒的制备方法。

## 实验原理

质粒是独立于细菌染色体之外进行自主复制和遗传的一类双链、闭环 DNA 分子，大小为 1~200kb 不等。在分子生物学研究中，质粒常用做基因的运载工具，携带外源基因进入细菌体内进行扩增或表达，应用极其广泛。

质粒 DNA 的提取与纯化是最基本的分子生物学实验技术。提取质粒的方法很多，碱裂解法是一种最常用的方法，其优点是提取的质粒产量高、纯度好。在 pH 12.0~12.6 的碱性环境中，在去垢剂 SDS 的作用下，细菌的细胞壁与细胞膜都破裂，释放出大量的染色体 DNA、RNA 及质粒 DNA，此时所有的双链 DNA 解聚成单链。在 pH 中性且高盐浓度条件下，大分子量的染色体 DNA 部分复性并相互交织成不溶性的网状结构，与细胞碎片、一部分蛋白质及 RNA 形成沉淀，可通过离心除去。在此条件下，环状的质粒 DNA 可以完全复性，溶解于上清液中，达到初步分离的目的。再经过苯酚、氯仿抽提，RNA 酶（RNase）消化和乙醇沉淀等简单步骤去除残留蛋白质和 RNA，得到纯化质粒 DNA。

### 实验器材与试剂

1.仪器　学生实验仪器一套、恒温震荡摇床、恒温培养箱、超净工作台、离心机、培养皿、锥形瓶、离心管、微量移液器。

2.材料及试剂

（1）LB 培养液（1L）　蛋白胨 10g、酵母提取物 5g、NaCl 10g，用 10mol/L NaOH 调至 pH 7.0。若配制固体培养基，则再加入 15g 琼脂粉。用双蒸水定容至 1L，高压蒸汽灭菌，4℃贮存。

（2）STE　0.1mol/L NaCl、10mmol/L Tris–HCl（pH 8.0）、1mmol/L EDTA。

（3）溶液Ⅰ　50mmol/L 葡萄糖、25mmol/L Tris–HCl（pH 8.0）、10mmol/L EDTA。

（4）溶液Ⅱ　0.2mol/L NaOH、1% SDS，必须新鲜配制。

（5）溶液Ⅲ　含 3mol/L 钾盐、5mol/L 醋酸（pH 4.8）。

| | |
|---|---|
| 5mol/L 醋酸钾（KAc） | 60ml |
| 冰醋酸 | 11.5ml |
| 无菌水 | 28.5ml |

（6）其他试剂和材料　抗生素（氨苄西林、氯霉素或四环素等）、蛋白胨、酵母浸出物、琼脂粉、葡萄糖、苯酚、氯仿、乙醇、TE 缓冲液（pH 8.0）、RNA 酶（RNase）、质粒、宿主菌。

### 实验步骤

1.在超净工作台上，挑取琼脂糖培养基上的单菌落，接种于 2～5ml LB 培养液中（含特定抗生素），于 37℃、150r/min 恒温震荡摇床上培养过夜（12～14h）。

2.取 1.5ml 菌液移至离心管内，12000r/min 离心 30s，弃上清液；用 1ml STE 悬浮菌体沉淀，12000r/min 离心 30s 后弃上清液；再以 STE 悬浮、离心沉淀菌体，弃上清液。

3.将细菌沉淀悬浮于 100μl 预冷的溶液Ⅰ中，强烈振荡混匀，使菌体分散混匀。

4.加入 200μl 新鲜配制的溶液Ⅱ，盖紧管盖颠倒 5 次快速混匀（不要剧烈振荡），冰上放置 3min。

5.加入 150μl 预冷的溶液Ⅲ，盖紧管盖轻轻颠倒数次，充分混匀，冰上放置 3～5min。

6.4℃，12000r/min 离心 5min，小心吸取上清液，转移至另一支离心管中。

7.加入等体积苯酚/氯仿（1∶1）充分振荡混匀，4℃，12000r/min 离心 2min，小心吸取上清液转移至另一支离心管，再加入等体积氯仿重复抽提一次。

8.加入 2 倍体积的无水乙醇（室温）沉淀 DNA，混匀，室温放置 2min（不要在 –20℃沉淀质粒，否则有较多的盐析出）。

9.4℃，12000r/min 离心 5min。

10.弃上清液，加 1ml 70% 乙醇（4℃）轻轻漂洗沉淀，4℃，12000r/min 离心 5min。

11.倒尽乙醇，在消毒滤纸上吸干管口残留的乙醇后，将样品管倒置于消毒滤纸上 10～15min 或真空抽吸 2min 以去除残留的痕量乙醇。

12.加入 50μl TE（pH 8.0）溶解 DNA（如需消化 RNA，则加 RNase 至终浓度 20μg/ml，37℃水浴 30min），贮存于 –20℃备用。

## 注意事项

1. 实验中所用器具必须严格清洗，最后要用双蒸水冲洗 3 次，凡可经灭菌的试剂及器具都要经过高压蒸汽灭菌，防止外源性核酸酶对 DNA 的降解及其他杂质的污染；不能高压灭菌的试剂，需过滤除菌。

2. 细菌培养容器最好用锥形瓶，其容量至少应为培养液体积的 4 倍，从而保证氧气的供应。

3. 尽量去除 DNA 沉淀时残留的乙醇，否则不利于 DNA 溶解，并影响后续实验。

4. 溶液 I 可成批配制，每瓶约 100ml，高压蒸汽灭菌后，贮存于 4℃ 备用。溶液 II 易被空气中的 $CO_2$ 酸化，应现用现配。

5. 采用此法制备高拷贝数质粒（如 pUC 系列）时，每毫升细菌培养物可获得 3~5μg 的质粒 DNA。

## 思 考 题

1. 在质粒 DNA 的小量制备中，如何提高质粒 DNA 的产量？

2. 在提取过程中，溶液出现什么变化（混浊或澄清，是否分层）？有无沉淀产生？

3. 提取的质粒 DNA 是什么颜色？外观质量如何？

（李　妍）

# 第十二章 维生素与无机物实验

## 第一节 血清无机磷测定

### 实验目的

1. 掌握磷钼酸比色法测定血清无机磷的原理。
2. 熟悉血清无机磷测定的方法。
3. 了解血清无机磷测定的临床意义。

### 实验原理

血清中无机磷以磷酸盐形式存在，习惯上常称为"血磷"。测定时先用三氯醋酸沉淀血清中的蛋白质，在无蛋白血滤液中加入钼酸铵试剂，使滤液中的钼酸转变成磷钼酸，再以氨萘磺酸为还原剂，还原成蓝色的磷钼酸（PMB），颜色深浅与血清无机磷的含量成正比。与同样处理的标准溶液进行比色，通过计算可求出血清中无机磷的含量。

### 实验器材与试剂

1. 仪器　学生实验仪器一套、离心机、离心管、容量瓶、刻度吸量管、分光光度计。
2. 材料及试剂
（1）20% 三氯醋酸。
（2）钼酸试剂 II　称取钼酸铵 12.5g，加蒸馏水 100ml 溶解，加入 5mol/L $H_2SO_4$ 300ml，用蒸馏水定容至 500ml。
（3）氨萘磺酸试剂　称取亚硫酸氢钠 60g，亚硫酸钠 2g，氨萘磺酸 1g，将其混合在乳钵中研成粉末，用时称取 6g，加蒸馏水 40ml 溶解，置棕色瓶中，于冰箱保存，1个月内有效。如果溶解不佳，可加入少许无水亚硫酸钠结晶，水浴即可。
（4）磷标准应用液（1ml ≈ 5μg）　先配制磷标准贮存液（1ml ≈ 0.1mg），称取在 105℃ 干燥 12h 的 0.4394g 无水 $KH_2PO_4$，置于 1000ml 容量瓶中，加蒸馏水溶解，加 10ml 10mol/L $H_2SO_4$，加蒸馏水至刻度，放冰箱保存。取磷标准贮存液 5ml，置于 100ml 容量瓶中，加蒸馏水定容。
（5）实验材料　无溶血血清。

## 实验步骤

1. 制备血滤液

取无溶血血清 0.2 ml，依次加入 0.8 ml 蒸馏水和 1 ml 20% 三氯醋酸，混匀，静置 10 min，3 000 r/min，离心 10 min，取上清液备用。

2. 显色反应

取 3 支试管，标明空白管、标准管、测定管，分别按表 12-1 加入试剂。

表 12-1　血清无机磷测定各管试剂添加量

| 试剂（ml） | 空白管 | 标准管 | 测定管 |
|---|---|---|---|
| 20% 三氯醋酸 | 0.5 | 0.5 | – |
| 磷标准应用液 | – | 1.0 | – |
| 血滤液 | – | – | 1.0 |
| 蒸馏水 | 4.5 | 3.5 | 4.0 |
| 钼酸试剂 II | 0.25 | 0.25 | 0.25 |
| 氨萘磺酸试剂 | 0.1 | 0.1 | 0.1 |
| 吸光度值（A） |  |  |  |

将 3 支试管中试剂混匀，室温避光放置 8 min，以空白管调零，在 660 nm 波长处比色，测定待测管吸光度值（$A_待$）和标准管的吸光度值（$A_标$）。

3. 结果计算

$$血清无机磷浓度\,(mg/dl) = \frac{A_待}{A_标} \times 0.005 \times \frac{100}{0.1} = \frac{A_待}{A_标} \times 5$$

正常参考值：成人为 0.97~1.62 mmol/L（3.0~5.0 mg/dl）；儿童为 1.45~2.10 mmol/L（4.0~6.0 mg/dl）。

## 注意事项

1. 配制试剂和其他用水均应用双蒸水。

2. 若室温过高时，显色后久置会发生混浊，最好于显色 10 min 内比色。

3. 进食可导致血磷降低，因此采血应当在空腹时进行。血液样品必须新鲜，应尽快分离血清以免发生溶血现象，否则溶血后，血细胞内有机磷进入血清中，经磷酸酶水解为无机磷，导致测定结果过高。

4. 过量的草酸盐使磷测定不易显色，如用全血或血浆测定时，每毫升标本内草酸钾含量不可多于 2~3 mg。

5. 用三氯醋酸沉淀蛋白质时，滤液呈较强酸性，可使血清内磷酸盐不致沉淀，便于测定。但溶液酸性强弱会影响显色反应，因此三氯醋酸浓度以 20% 为宜。

6. 结晶氨萘磺酸应为白色或略带浅红色，如为棕色时可进行重结晶，再贮存于棕色瓶中避光保存。如果氨萘磺酸结晶颜色并不太深，可直接将氨萘磺酸分别用蒸馏水、乙醇和乙醚洗涤数次，然后干燥备用。

## 临床意义

1. 正常成人含磷约 19.4 mol（600 g），85.7% 的磷沉积于骨质中，其余分布于各组织细胞和体液中，均以磷酸化合物形式存在。磷在血液中以无机磷和有机磷两种形式存在。血磷主要是指血浆中的无机磷，以无机磷酸盐（$H_2PO_4^-$ 或 $HPO_4^-$）的形式存在。

2. 血磷增高　常见于甲状旁腺功能减退、肾衰竭、维生素 $D_3$ 过多、多发性骨髓瘤及骨折愈合期等。其他如艾迪生病、急性黄色肝萎缩、粒细胞性白血病、注射组胺后等也常见血磷增高。

3. 血磷减低　常见于甲状旁腺功能亢进、佝偻病和骨软化症、胰岛素过多使糖原合成增强、肾吸收障碍丢失磷酸盐、乳糜泻等。

## 思考题

1. 测定血清无机磷的基本原理是什么？
2. 哪些情况下可使血清中无机磷测定结果升高？

# 第二节　血清胡萝卜素的测定

## 实验目的

1. 掌握血清胡萝卜素测定的原理。
2. 熟悉血清胡萝卜素测定的方法。
3. 了解血清胡萝卜素测定的临床意义。

## 实验原理

以无水乙醇沉淀血清中与维生素 A 结合的视黄醇结合蛋白（RBP），再用石油醚提取血清中的胡萝卜素，石油醚层即显黄色，然后与胡萝卜素（或人工胡萝卜素）标准液比色，即可求得血清中总胡萝卜素的含量。

## 实验器材与试剂

1. 仪器　学生实验仪器一套、分光光度计、低速离心机、离心管、容量瓶。
2. 材料及试剂
（1）无水乙醇（AR）。
（2）石油醚（沸点 40～60℃）。

（3）β-胡萝卜素标准贮存液（1ml≈0.5mg） 精确称取β-胡萝卜素50mg，置于100ml容量瓶中，用石油醚溶解并定容。

（4）β-胡萝卜素标准应用液（1ml≈10μg） 取β-胡萝卜素标准贮存液1.0ml置于50ml容量瓶中，用石油醚稀释并定容。

（5）人工胡萝卜素标准液（1ml≈1.12μg） 精确称取重铬酸钾（$K_2Cr_2O_7$，AR）200mg，置入1000ml容量瓶中，用蒸馏水溶解并定容（若无β-胡萝卜素，可用此液代替）。

（6）实验材料 新鲜血清。

## 实验步骤

1. 准确吸取1.6ml血清于10ml离心管中，缓慢加入1.6ml无水乙醇，边加边摇匀，加完后充分摇匀试管中溶液。

2. 加入5ml石油醚，立即塞紧橡皮塞，用力振摇10min，然后静置10min使溶液分层，低速离心5min，用滴管将石油醚层吸出，置于比色皿内比色。

3. 取大试管1支，加入2.5ml人工胡萝卜素标准液，再加入2.5ml蒸馏水，摇匀。

4. 以蒸馏水作空白调零，在440nm波长处比色，测定待测管吸光度值（$A_待$）和标准管的吸光度值（$A_标$）。

5. 结果计算

$$血清胡萝卜素浓度（μg/dl）=\frac{A_待}{A_标}×（1.12×2.5）×\frac{100}{0.1}=\frac{A_待}{A_标}×175$$

正常参考值：0.93~3.7μmol/L（50~200μg/dl）。

## 注意事项

1. 石油醚极易挥发，振摇时橡皮塞一定要塞紧，以免石油醚溅出。吸取石油醚时，动作要迅速，吸管要按紧，否则极易流掉。

2. 人工胡萝卜素标准液用重铬酸钾配制，此试剂因来源、生产厂家不同，配制的标准液每毫升相当于多少胡萝卜素，可能稍有差异，所以用前最好用β-胡萝卜素标准液进行校对。

## 临床意义

1. 甲、乙、丙三种胡萝卜素（α、β及γ-carotene）之间可能有其他种类植物色素均为维生素A的前体，人体摄入含上述物质的食物后运输至肝转变成维生素A，肝巨噬星形细胞可能为其储存场所。

2. 如摄入含胡萝卜素丰富的食物，血清胡萝卜素浓度会随之增加，可达500μg/dl（9.3μmol/L），称为胡萝卜素血症，伴有皮肤黄色色素沉着，几周后消失，临床上应与黄疸鉴别。

3. 黏液性水肿、糖尿病及慢性肾炎时，血清胡萝卜素含量增加；肝硬化时，可使血清胡萝卜素减低。

## 思 考 题

1. 血清胡萝卜素测定的临床意义是什么？
2. 血清胡萝卜素测定的原理是什么？

（李　妍）

# 第三篇

# 综合性实验

# 第十三章　蛋白质实验

## 第一节　福林－酚试剂法（Lowry 法）
## 测定血清总蛋白含量

### 实验目的

1. 掌握福林－酚试剂法测定蛋白质含量的原理及标准曲线的绘制。
2. 熟悉福林－酚试剂法测定蛋白质含量的操作技术。
3. 了解标准曲线的临床实用意义。

### 实验原理

蛋白质中含有酪氨酸和色氨酸残基，能与福林（Folin）－酚试剂起氧化还原反应。反应过程分为两步：第一步，在碱性溶液中，蛋白质分子中的肽键与碱性铜试剂中的 $Cu^{2+}$ 作用生成蛋白质-$Cu^{2+}$ 复合物；第二步，蛋白质-$Cu^{2+}$ 复合物中所含的酪氨酸或色氨酸残基还原酚试剂中的磷钼酸和磷钨酸，生成钨蓝和钼蓝两种蓝色化合物。该呈色反应在 30 min 内接近极限，并且在一定浓度范围内，蓝色的深浅度与蛋白质浓度呈线性关系，故可用比色的方法确定蛋白质的含量。最后根据预先绘制的标准曲线求出未知样品中蛋白质的含量。

福林－酚试剂法操作简便，灵敏度高，样品中蛋白质含量高于 5 μg 即可测得，是测定蛋白质含量应用最广泛的方法之一。缺点是有蛋白特异性的影响，即不同蛋白质的显色强度稍有不同，标准曲线也不是严格的直线形式。本法可测定的范围是每毫升 25～250 μg 蛋白质。

### 实验器材与试剂

1. 仪器　学生实验仪器一套、吸量管（0.5 ml 1 支、1 ml 3 支、5 ml 1 支）、恒温水浴箱、分光光度计。

2. 材料及试剂

（1）试剂甲　将 10 g 碳酸钠，2 g 氢氧化钠和 0.25 g 酒石酸钾钠（或钾盐或钠盐）溶解于 100 ml 蒸馏水中配制成 A 液；将 0.5 g 硫酸铜（$CuSO_4 \cdot 5H_2O$）溶解于 100 ml 蒸馏水中配制成 B 液。每次使用前将 A 液与 B 液以 50：1 的比例混合，即为试剂甲。混合后 1 日内使用有效。

（2）试剂乙　在 1.5 L 容积的磨口回流瓶中加入 100 g 钨酸钠（$Na_2WoO_4 \cdot 2H_2O$）、25 g 钼酸

钠（$Na_2MoO_4 \cdot 2H_2O$）及 700 ml 蒸馏水，再加入 50 ml 85% 磷酸及 50 ml 浓盐酸充分混合，接上回流冷凝管以小头回流 10 h。回流结束后，再加入 150 g 硫酸锂，50 ml 蒸馏水及数滴液体溴。开口继续沸腾 15 min 以便驱除过量的溴，冷却后的溶液呈黄色（如仍呈绿色，须再重复滴加液体溴的步骤），定容至 1000 ml，过滤。滤液置于棕色试剂瓶中暗处保存。使用前用标准氢氧化钠溶液滴定，酚酞为指示剂以标定该试剂的酸度，一般为 2 mol/L 左右（由于滤液为浅黄色，滴定时滤液需稀释 100 倍，以免影响滴定终点的观察）。使用时适当稀释（约加蒸馏水 1 倍），使最终的酸浓度为 1 mol/L。

（3）标准蛋白溶液 浓度为 250 μg/ml。

（4）待测血清 使用时稀释 500 倍。

### 实验步骤

1.试剂的添加及吸光度值的测定

取洁净干燥的大试管 7 支，分别进行编号，按表 13-1 所示分别加入各试剂。

表 13-1 福林 – 酚试剂法（Lowry 法）测定血清总蛋白含量试剂加样表

| 试剂（ml） | 空白管 | 标准管 | | | | | 待测管 |
|---|---|---|---|---|---|---|---|
| | （1） | （2） | （3） | （4） | （5） | （6） | （7） |
| 标准蛋白质 | 0 | 0.2 | 0.4 | 0.6 | 0.8 | 1.0 | – |
| 待测血清 | – | – | – | – | – | – | 1.0 |
| 蒸馏水 | 1.0 | 0.8 | 0.6 | 0.4 | 0.2 | 0 | – |
| 试剂甲 | 3.0 | 3.0 | 3.0 | 3.0 | 3.0 | 3.0 | 3.0 |
| | | | 混匀，室温下放置 10 min | | | | |
| 试剂乙 | 0.3 | 0.3 | 0.3 | 0.3 | 0.3 | 0.3 | 0.3 |
| | | | 立即混匀！速度要快！ | | | | |
| 吸光度值（$A$） | | | | | | | |

各试管试剂加入后放置 30 min，以空白管为对照，于 660 nm 处比色，读取各管的吸光度值。

2.标准曲线的绘制

在坐标纸上以吸光度值为纵坐标，标准蛋白质溶液浓度为横坐标，绘制出标准曲线（若标准曲线不成直线，则应分析原因）。

3.血清总蛋白浓度的计算

（1）标准曲线法 根据待测管吸光度值在标准曲线上查出待测管中样品的浓度（$C_7$），再按下列公式计算待测血清总蛋白浓度：

$$C_{待}（g/L）= \frac{C_7 \times 4.3 \times 500}{1\,000}$$

（2）标准样品对比法 选择与待测管吸光度（$A_7$）最接近的一管作为标准管进行计算：

$$C_{待}（\text{g/L}）=\frac{A_{待}}{A_{标}}\times 0.25\times\frac{V_{标}}{V_{待}}\times 500$$

其中，$C_{待}$ 为待测的血清总蛋白浓度；$A_{标}$ 为选作标准管的试管中溶液所测定的吸光度值；$A_{待}$ 为 7 号待测管中溶液所测定的吸光度值；$V_{标}$ 为选作标准管的试管中所加入的标准蛋白质体积；$V_{待}$ 为 7 号待测管中加入的待测血清的体积。

### 注意事项

1. 加入试剂乙后应立即混匀，因为加入试剂甲的第一步反应需要在碱性条件下进行，而第二步的试剂乙是酸性溶液，容易发生酸碱中和反应，从而使氧化还原反应的产物减少，造成显色减弱。

2. 作一条标准曲线至少要 5 个点（5 个标准管），且被测物与标准物应在相同条件下测定。标准曲线中标准物浓度有一定的线性范围，应使标准曲线范围在被测物质浓度的 1/2 ~ 2 倍之间，并使吸光度值在 0.05 ~ 1.0 范围为宜。

### 临床意义

人血清总蛋白浓度的正常范围为 60 ~ 80 g/L。血清总蛋白含量关系到血液与组织间水分的分布情况，在严重腹泻、呕吐、高热时剧烈失水会使血液浓缩，导致血清总蛋白含量升高；各种原因引起水、钠潴留，消耗性疾病（如严重结核病、甲状腺功能亢进症、恶性肿瘤等），严重烧伤，大量失血，肾病综合征出现大量蛋白尿等会导致血清总蛋白含量降低。

在临床应用中，标准曲线法可用于成批样品的测定，具有简便、省时的特点。

### 思考题

1. 什么叫标准曲线？绘制标准曲线有何实用意义？
2. 标准曲线法与标准管对比法哪个更精确？为什么？

# 第二节　凝胶过滤分离高铁血红蛋白与高铁氰化钾

### 实验目的

1. 掌握凝胶层析及透析的原理。
2. 熟悉凝胶层析技术及透析的操作技术。
3. 了解层析技术及透析技术的实用意义。

## 实验原理

凝胶过滤（gel filtration）是一种利用凝胶按照分子大小分离物质的层析方法，又称分子筛层析或排阻层析。本实验中，样品为血红蛋白与过量的高铁氰化钾 [$K_3Fe(CN)_6$，分子量为327.25，黄色] 反应生成高铁血红蛋白（MetHb，分子量为 =64500，红褐色）。为了除去多余的高铁氰化钾，得到较纯的 MetHb 样品，将上述混合物通过交联葡聚糖凝胶柱，用磷酸盐缓冲液洗脱，因凝胶颗粒带有小孔，在混合样品随洗脱液往下渗的过程中，$K_3Fe(CN)_6$ 因颗粒直径小于凝胶颗粒网孔直径，会进入凝胶颗粒组成的静止相中，在柱内停留的时间长因而流速慢以致最后流出柱外；而 MetHb 颗粒直径大，不能进入凝胶颗粒，只能留在凝胶颗粒之间的流动相中，路程较短因而先流出层析柱，因此可将 MetHb 完全分离出来。

透析是利用特制的半透膜将分子大小不同的物质分开的方法，截留分子量一般为 10 000。将凝胶过滤后收集的 MetHb 溶液装入透析袋，经过透析分离出 MetHb 溶液中含有的磷酸盐，再用如下方法对分离结果进行鉴定。

磷酸盐鉴定：

$$(NH_4)_2MoO_4 + H_2SO_4 \longrightarrow H_2MoO_4 + (NH_4)_2SO_4$$
$$H_2MoO_4 + H_3PO_4 \longrightarrow H_3PO_4 \cdot 12MoO_3 + H_2O$$
$$H_3PO_4 \cdot 12MoO_4 + H_2N{-}C_6H_5(OH)SO_3H \longrightarrow Mo_2O_3 + 钼蓝（蓝色）$$

蛋白质鉴定：15% 三氯醋酸可使蛋白质变性，生成沉淀。

## 实验器材与试剂

1. 仪器　学生实验仪器一套、层析柱（1.5 cm×25 cm）、250 ml 分液漏斗（带储液瓶）、铁架台、蝴蝶夹、止水夹、胶头滴管、透析袋（长 10 cm）、透析袋夹、磁力搅拌器。

2. 材料及试剂

（1）血红蛋白溶液　取 3 ml 草酸盐抗凝全血，离心后吸去上层血浆，向红细胞层加入 5 倍体积的冰冷生理盐水，混匀后离心（3 000 r/min，5 min），弃上清液，如此反复洗 3 次。最后一次吸去上清液后，在红细胞层上面加等体积蒸馏水，振荡摇匀。继续加入 1/2 体积四氯化碳，用力振摇 3 min，3 000 r/min 离心 5 min，吸取上层澄清的溶血液备用。此法制得的血红蛋白溶液浓度为 10%（置 4℃暂存备用，1 周用完）。

（2）四氯化碳（$CCl_4$）。

（3）生理盐水。

（4）交联葡聚糖 G–25（细粒）。

（5）0.1 mol/L 磷酸盐缓冲液（pH 7.0）。

（6）0.4% $K_3Fe(CN)_6$　称取 $K_3Fe(CN)_6$ 2.4 g 加蒸馏水溶解，定容至 600 ml。

（7）氨萘磺酸试剂　称取亚硫酸氢钠 120 g，亚硫酸钠 4 g，氨萘磺酸 2 g 混合在研钵中研成粉末，加 840 ml 蒸馏水加热溶解。

（8）钼酸铵试剂　称取 50 g 钼酸铵溶解于 600 ml 蒸馏水中，另将 150 ml 浓硫酸缓缓加入 250 ml 蒸馏水中，混匀，冷却。将以上两种溶液合并混匀。

（9）15% 三氯醋酸　称取 150 g 三氯醋酸加蒸馏水溶解至 1 000 ml。

（10）凝胶保存　将使用过的葡聚糖凝胶用蒸馏水反复流水冲洗干净，倒入烧杯中，倾斜倒掉上层水，经 60% 乙醇漂洗脱水，用砂芯漏斗抽滤，再用 65% 乙醇、70% 乙醇、75% 乙醇、80% 乙醇、85% 乙醇、90% 乙醇、95% 乙醇、无水乙醇逐步脱水并抽滤，除去葡聚糖凝胶孔内、外的水分，盛于培养皿中，置 50～60℃ 烤箱烘烤，使凝胶完全干燥，再封装保存。

## 实验步骤

1. 凝胶准备

称取 5 g 交联葡聚糖 G-25，倾入锥形瓶中，加蒸馏水约 60 ml 溶胀，搅动后静置。待凝胶沉积后，用倾注法除去浮于表面的细粒，重复 3 次。将溶胀后的凝胶用 10 倍体积的磷酸盐缓冲液浸泡过夜，以达平衡。

2. 排气泡

取层析柱一支，加入缓冲液，快速挤压下方的橡胶管，使柱底砂芯玻璃下方的气泡全部排出，充满溶液。排尽气泡后，放出多余的缓冲液至砂芯玻璃上方留有 1～2 cm 溶液时，立即用止水夹关闭出口。

3. 装柱

将排除气泡的层析柱垂直固定于蝴蝶夹上，然后将平衡好的交联葡聚糖 G-25 悬浮液边搅拌边加入柱内（用玻璃棒引流），再打开出口，使液体流出，凝胶颗粒缓慢沉积。继续不断地加入 G-25 悬浮液（每次补灌凝胶前应先用玻璃棒将已沉积的界面搅匀），至凝胶柱床沉积高度达到 20 cm 左右时为止。凝胶沉积完成后，床面上应保留约 2 cm 高的缓冲液，再关闭出口。

4. 平衡

在分液漏斗中加入一定量的缓冲液，再将分液漏斗与层析柱相连，打开分液漏斗开关及层析柱出口，用磷酸盐缓冲液洗脱平衡 5～10 min（注意流速不可过快，以免冲破胶面），最后关闭出口（胶面上方仍应保留约 2 cm 高的缓冲液）。

5. 样品的准备

取 1 支小试管，加入 3 滴血红蛋白液和 8 滴 $K_3Fe(CN)_6$，混匀，制成 MetHb 的混合样品。

6. 上样、洗脱

打开层析柱出口，使柱内溶液流出至刚露出胶面时即关闭出口。用胶头滴管吸取全部混合样品，在距离胶面 1 mm 处沿管内壁轻轻转动，缓慢加入样品，切勿冲破胶面。然后打开出口，使样品进入凝胶内，至胶面重新露出时立即关闭出口。用同样的方法再加入 1～2 倍样品量体积的缓冲液，打开出口使少量缓冲液流入胶面（此时样品应完全进入凝胶中）后立即关闭出口。再加入 3～4 cm 高的缓冲液（注意切勿扰动床面凝胶）后连接分液漏斗进行洗脱，流速约 5 秒/滴。

7. 观察与收集

观察柱上的色带，待红褐色区带迁移至层析柱最下方时，将其收集至一小试管中。红褐色的 MetHb 色带收集完成后，继续用缓冲液将黄色的 $K_3Fe(CN)_6$ 色带完全洗脱（不需用试管收集），然后关闭出口。

8. 凝胶回收

回收凝胶时，将层析柱倒置，用洗耳球对准管口将凝胶吹出至原烧杯中，再用少量的缓冲液润洗管内残留的凝胶颗粒，同样回收至原烧杯内备用。

9. 透析

扎紧透析袋的一端，并放入盛有蒸馏水的烧杯内浸湿备用。透析前，用滴管吸取收集在小试管中的 MetHb 洗脱液约 30 滴装入袋内（注意勿使洗脱液流到袋的外表面），排空袋内空气，用透析袋夹夹紧袋的另一端。然后将装好样品的透析袋放入盛有蒸馏水的大烧杯中，放置于磁力搅拌器上，调至适当的速度，透析 30 min。注意在放入透析袋前，先按表 13-2 和表 13-3 中的要求分别取出适量的杯内蒸馏水，各自加入干净试管中留作对照。

10. 鉴定

（1）磷酸盐的鉴定　取 2 支试管进行编号，按表 13-2 分别加入相应的试剂，混匀后观察和记录结果，并对实验现象做出解释。

（2）蛋白质的鉴定　另取 3 支试管进行编号，按表 13-3 分别加入相应的试剂，混匀后观察和记录结果，并对实验现象做出解释。

表 13-2　磷酸盐鉴定加样表

| 试管编号 | 透析前杯内蒸馏水 | 透析后杯内蒸馏水 | 钼酸铵试剂 | 氨萘磺酸试剂 | 反应结果 |
|---|---|---|---|---|---|
| 1 | 10 滴 | – | 2 滴 | 3 滴 | |
| 2 | – | 10 滴 | 2 滴 | 3 滴 | |

表 13-3　蛋白质鉴定加样表

| 试管编号 | 透析前杯内蒸馏水 | 透析后杯内蒸馏水 | 透析袋内溶液 | 15% 三氯醋酸 | 反应结果 |
|---|---|---|---|---|---|
| 3 | 10 滴 | – | – | 5 滴 | |
| 4 | – | 10 滴 | – | 5 滴 | |
| 5 | – | – | 10 滴 | 5 滴 | |

### 注意事项

1. 装柱后要检查柱床是否均匀。若有气泡或界面分层时，需用玻璃棒伸入层析柱搅匀，使凝胶重新沉积，必要时需重新装柱。

2. 上样时一定要靠近凝胶表面，沿柱内壁缓缓加入，不能冲破凝胶柱表面，应保持胶面平整。

3. 应控制流速，流速不能太快或太慢，并且在洗脱过程中要防止凝胶柱中的缓冲液流干。

4. 洗脱完成后凝胶要回收，勿丢弃。回收的凝胶必须用缓冲液浸泡，不能干燥。

5. 透析时透析袋内液体不可装满，且要排尽气泡，否则透析时会将透析袋胀破。

### 临床意义

1. 高铁血红蛋白为血红蛋白的氧化物，在弱酸性条件下具有 630 nm 波长的特异性吸收而呈现微绿色（酸性高铁血红蛋白），但在碱性条件下这种特异性吸收消失，而呈现较深的红色

（碱性高铁血红蛋白）。正常人高铁血红蛋白的参考值为 0.1～0.4 g/dl。临床上高铁血红蛋白增高常见于先天性高铁血红蛋白血症、中毒性高铁血红蛋白血症（获得性症状，一般有服用某些药物的病史）。

2. 本实验中透析技术是常用的一种分离蛋白质的方法。临床上可用于血液透析（hemodialysis）。血液透析是指血液中的一些废物通过半渗透膜去除，是一种较安全、易行、应用广泛的血液净化方法之一。

### 思考题

1. 请解释凝胶过滤的分子筛作用是如何分离大、小分子的。
2. 在向凝胶柱中加入样品时，为什么必须保持胶面平整？上样体积为什么不能太大？
3. 请解释为什么在洗脱样品时，流速不能太快或者太慢。

# 第三节　醋酸纤维素薄膜电泳分离血清蛋白质

### 实验目的

1. 掌握醋酸纤维素薄膜电泳法分离血清蛋白的原理。
2. 熟悉醋酸纤维素薄膜电泳法分离血清蛋白的操作技术。
3. 了解醋酸纤维素薄膜电泳法分离血清蛋白的临床意义。

### 实验原理

电泳是指带电粒子在电场中向与其电性相反的电极泳动的现象。带电粒子在电场中的泳动速度除与电场强度、溶液的性质等有关外，主要决定于分子颗粒所带的电荷数量及其分子的大小与形状等。带电荷量多、分子量小、形状规则的蛋白质泳动较快，反之较慢。血清蛋白质约有两百多种，其等电点一般在 pH 4.0～pH 7.3，故在 pH 8.6 的缓冲液中均带负电荷，在电场中向正极移动。由于各蛋白质成分的 pI 不同，所带电荷数量不等，加之分子大小和形状的差别，导致其在同一电场中泳动的速度不同，从而可加以分离（表 13-4）。

表 13-4　人血清蛋白质等电点及分子量

| | 相对百分含量（%） | 分子量 | pI |
|---|---|---|---|
| A | 57～72 | 69 000 | 4.88 |
| $\alpha_1$ | 2～5 | 200 000 | 5.06 |
| $\alpha_2$ | 4～9 | 300 000 | 5.06 |
| β | 6～12 | 9 000～150 000 | 5.12 |
| γ | 12～20 | 156 000～300 000 | 6.58～7.50 |

本实验是以醋酸纤维素薄膜作为支持物的一种电泳方法。醋酸纤维素薄膜具有均一的泡沫状结构（厚约120μm），渗透性强，对分子移动无阻力，分离清晰，无吸附作用，应用范围广和快速、简便等优点，目前已广泛应用于血清蛋白、血红蛋白、糖蛋白、脂蛋白、结构蛋白及同工酶的分离、测定等。

醋酸纤维素薄膜电泳可将血清蛋白分离为清蛋白（A）、$\alpha_1$-球蛋白、$\alpha_2$-球蛋白、$\beta$-球蛋白、$\gamma$-球蛋白5条区带。将薄膜置于染色液中使蛋白质固定并染色后，可以看到清晰的色带，而且由于各区带的颜色深浅与蛋白质含量几乎成正比，可将色带分别溶于碱性溶液再进行比色测定，从而计算出血清蛋白的相对百分含量。

## 实验器材与试剂

1. 仪器　学生实验仪器一套、电泳仪（稳压器、电泳槽）、分光光度计、醋酸纤维素薄膜（2cm×8cm）、点样器（用X线胶片制成）、表面皿、培养皿（供染色和洗脱用）、滤纸、镊子、5ml刻度吸量管、脱色摇床。

2. 材料及试剂

（1）新鲜血清　取全血5ml，离心取上清液。

（2）巴比妥缓冲液（pH8.6）　称取巴比妥钠15.458g，巴比妥2.768g，溶解于1000ml蒸馏水中。

（3）氨基黑10B染色液　氨基黑10B 0.5g，加冰醋酸10ml及甲醇50ml，混匀，用蒸馏水稀释至100ml。

（4）漂洗液（3%冰醋酸溶液）　95%乙醇45ml，冰醋酸5ml，混匀，用蒸馏水稀释至100ml。

（5）0.4mol/L NaOH　称取NaOH 16g溶解于蒸馏水中，定容至1000ml。配制时结晶会发热，应边加水边混匀。

## 实验步骤

1. 薄膜准备

醋酸纤维素薄膜呈白色，不透明，光面较毛面有光泽，干时脆，湿时有弹性。使用前，先将薄膜置于巴比妥缓冲液内，完全浸透至薄膜无白色斑点（约30min），备用。

2. 制作"滤纸桥"

剪裁尺寸合适的滤纸，取双层附着在电泳槽的支架上，使其一端与支架的前沿对齐，而另一端浸入缓冲液内。待缓冲液将滤纸全部润湿后驱除气泡，使滤纸紧贴在支架上，即"滤纸桥"。它们的作用是联系醋酸纤维素薄膜和两极缓冲液的"桥梁"。

3. 点样

用镊子取出浸泡好的薄膜，夹在两片滤纸之间用手轻压，吸去薄膜表面多余的缓冲液。分清薄膜的光面和毛面，将毛面朝上，先用铅笔在薄膜的一端做好记号，然后在距离薄膜边缘约1.5cm处进行点样。点样时应注意点样器蘸取的样品量应适当，不可过多，位置居中。点样采用"印章法"，双手将点样器垂直点在薄膜相应位置上，并停留2~3s，让样品完全渗入膜内。

**4.膜条放置及平衡**

点样完成后，将膜条转移至电泳槽的滤纸桥上。放置膜条时应注意手不可触碰膜条，要将膜条的点样面朝下置于电泳槽的支架上，点样端放在负极端，并且点样处不可搭在滤纸桥上。放置好后还需要将膜条拉平整，排除膜条与滤纸接触部位的气泡，然后平衡 5 ~ 10 min，至缓冲液将薄膜全部湿润。

**5.电泳**

检查电泳槽正、负极连接是否准确，然后打开电源开关，调节电压至 100 ~ 160 V，电流为 0.4 ~ 0.6 mA/cm。夏季电泳时间约 45 min，冬季电泳时间约 60 min，待样品区带展开至薄膜 2/3 处时，停止电泳。

**6.染色**

用镊子小心取出薄膜，浸于氨基黑 10B 染色液中染色 1 ~ 3 min（注：薄膜需完全浸入染色液中且不重叠，染色时间以清蛋白染透为止）。

**7.漂洗**

准备 3 个培养皿，装入漂洗液。从染色液中取出薄膜放入培养皿中，在脱色摇床上漂洗数次，每次 10 min，直至背景无色为止。将漂洗干净的薄膜用滤纸吸干，此时可见界线清晰的 5 条区带，从正极端起依次为：清蛋白（A）、$\alpha_1$- 球蛋白、$\alpha_2$- 球蛋白、$\beta$- 球蛋白及 $\gamma$- 球蛋白（图 13-1）。

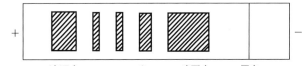

图 13-1 正常人血清蛋白醋酸纤维素薄膜电泳示意图谱

**8.定量分析**

取 6 支大试管并编号，分别用吸量管量取 0.4 mol/L NaOH 4 ml 加入试管内。剪下薄膜上的各条蛋白色带，另于空白部位剪一条平均大小的膜条作为空白对照，然后将六条色带分别浸泡于试管内，不时摇动，使膜条上的颜色完全洗脱。30 min 后将洗脱液置 620 nm 波长处比色，分别读取各管的吸光度值并在表 13-5 中进行记录。

表 13-5 血清蛋白定量分析记录表

|  | 空白 | 清蛋白 | $\alpha_1$- 球蛋白 | $\alpha_2$- 球蛋白 | $\beta$- 球蛋白 | $\gamma$- 球蛋白 |
|---|---|---|---|---|---|---|
| 膜 | 空白膜 | A 带 | $\alpha_1$ 带 | $\alpha_2$ 带 | $\beta$ 带 | $\gamma$ 带 |
| 0.4 mol/L NaOH（ml） | 4 | 4 | 4 | 4 | 4 | 4 |
| $A_{620}$ |  |  |  |  |  |  |

**9.结果计算**

根据所测定的吸光度值，分别计算 5 种蛋白质的相对百分含量及 A/G 比值，公式如下：

$$各蛋白质的相对百分含量 = (x/T) \times 100\%$$

其中，$x$ 为该蛋白质的吸光度值；$T$ 为 5 种蛋白质的吸光度值之和。

$$A/G\ 比值 = \frac{清蛋白的吸光度值}{其余 4 种球蛋白的吸光度值之和}$$

正常参考值：清蛋白 57.45% ~ 71.73%；$\alpha_1$- 球蛋白 1.76% ~ 4.48%；$\alpha_2$- 球蛋白 4.04% ~ 8.28%；$\beta$- 球蛋白 6.79% ~ 11.39%；$\gamma$- 球蛋白 11.85% ~ 22.97%；A/G 比值 1.24 ~ 2.36。

## 注意事项

1. 点样线要细窄、均匀、集中，量不宜过多，应保持薄膜清洁。
2. 滤纸桥及醋酸纤维薄膜要放置平整，保证电场均匀。
3. 严格控制好电流、电压和电泳时间。电流过大会导致薄膜上水分蒸发过多，严重时使图谱短而不清晰；电流过低会使样品扩散，也不能得到良好的图谱。

## 临床意义

1. 肝硬化　清蛋白降低，$\gamma$- 球蛋白极度升高。
2. 肝癌　清蛋白与球蛋白间多出一条甲胎蛋白（AFP）带。
3. 急、慢性肾炎，肾病综合征　清蛋白降低，$\alpha_1$、$\alpha_2$ 和 $\beta$- 球蛋白升高。
4. 多发性骨髓瘤　清蛋白降低，$\gamma$- 球蛋白升高，于 $\beta$ 和 $\gamma$- 球蛋白区带之间出现"M"带。

## 思 考 题

1. 电泳时，点样端应置于电场的正极端还是负极端？为什么？
2. 引起电泳图谱不整齐、不清晰的原因有哪些？
3. 用醋酸纤维素薄膜作为电泳支持物有何优点？

（王义军）

# 第十四章 酶 学 实 验

## 第一节 兔肌酸激酶的分离、纯化及部分性质的测定

### 实验目的

1. 掌握同工酶的概念和肌酸激酶的作用原理。
2. 熟悉肌酸激酶的分离、纯化方法及活性测定方法。
3. 了解肌酸激酶同工酶在临床诊断中的意义。

### 实验原理

肌酸激酶（creatine kinase，CK）通常存在于动物的心脏、肌肉以及脑等组织的胞质和线粒体中，是一个与细胞内能量运转、肌肉收缩、ATP 再生有直接关系的重要激酶，它可逆地催化肌酸与 ATP 之间的磷酸基转移反应：

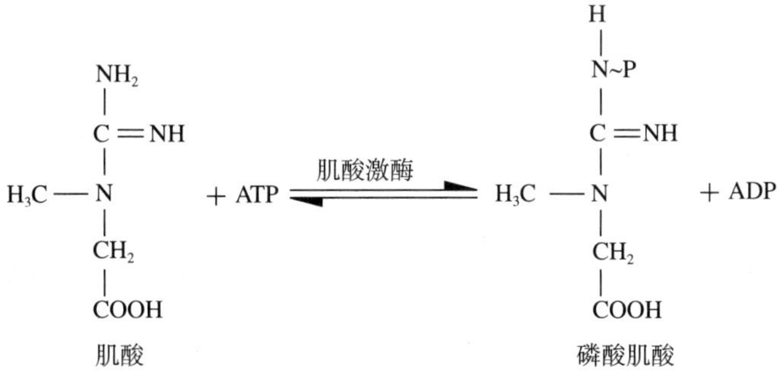

肌酸激酶有四种同工酶形式：肌肉型（MM）、脑型（BB）、杂化型（MB）和线粒体型（MiMi）。MM 型主要存在于各种肌肉细胞中，BB 型主要存在于脑细胞中，MB 型主要存在于心肌细胞中，上述 3 种肌酸激酶为胞质肌酸激酶，而 MiMi 型主要存在于线粒体内膜上。

细胞在线粒体上发生氧化磷酸化，产生 ATP。但动物体内贮存能量的高能物质不是 ATP 而是磷酸肌酸。能量贮存和运送是通过磷酸肌酸穿梭机制来完成的，此机制包含了肌酸激酶的线粒体型和肌肉型两种同工酶。氧化磷酸化产生的 ATP 在 ATP-ADP 转位酶的帮助下被直接运送到位于线粒体内膜外侧的线粒体型肌酸激酶所在部位，线粒体型肌酸激酶将 ATP 内的高能磷酸键转移到肌酸上，变成 ADP 和高能物质磷酸肌酸。磷酸肌酸在胞内扩散到达肌原纤维，肌原纤维的 M 区带上结合有肌肉型肌酸激酶，当肌肉收缩时，需要大量的 ATP 供给能量，肌

肉型肌酸激酶催化磷酸肌酸转化为 ATP，而反应产生的肌酸再扩散回线粒体，重新磷酸化。

肌酸激酶的纯化方法有许多种，本实验采用的提纯方法为改进的 Kuby 法。该酶的活性测定方法也有许多种，本实验采用的是 pH-比色法。其原理是肌酸激酶在催化正向反应时，ATP 向肌酸转移磷酰基的同时，生成等摩尔 H$^+$，其最适 pH 为 7.5～9.0，是一个宽阔的平台状，在此范围内测定 H$^+$ 的生成速度，可以作为酶活力的指标。本实验采用百里酚蓝作为 pH 指示剂，在分光光度计上通过 pH-比色法测定肌酸激酶的活性，在 597 nm 波长下，检测吸光度值的变化。在比色皿中酶催化反应生成的 H$^+$ 使溶液的 pH 值降低，底物溶液的颜色逐渐由深紫红色变为黄绿色，吸光度值 $A_{597}$ 不断降低。

测定酶活性时，取 1.0 ml 底物溶液置于微量比色皿中，加入 10 μl 酶溶液，迅速盖上盖子，混匀后立即检测 597 nm 处光吸收的变化，每 15 s 读一次吸光度值（$A_{597}$），共读取 5～6 个数据点。用 $A_{597}$ 对时间作图，从图中求出每分钟吸光度值的变化，即 $\Delta A_{597}$，按下式计算酶的比活力（$U$）：

$$U = \frac{1.3 \times \Delta A_{597} \times V_A}{C \times V_B} \times 稀释倍数 \ [\mu mol/(min \cdot mg)]$$

其中，1.3 为吸光度的变化换算成 H$^+$ 的系数；$V_A$＝1.0 ml（底物溶液），$V_B$＝0.01 ml（加入的酶溶液），$C$ 为加入酶溶液的浓度。测定酶溶液浓度 $C$，以蒸馏水为对照，按其在 280 nm 处的吸光度值来确定，其百分吸光系数为 $E_{1cm}^{1\%}$＝8.8。

$$C = \frac{A_{280} \times 10}{8.8} \times 稀释倍数$$

## 实验器材与试剂

1. 仪器 学生实验仪器一套、天平、组织打碎机、高速分散器、低温离心机、研钵、紫外可见分光光度计、可见微量比色皿、紫外微量比色皿、微量移液器、冰盒。

2. 材料及试剂

（1）0.01 mol/L KCl 0.15 g KCl 溶于 200 ml 蒸馏水。

（2）0.1 mol/L Tris-HCl（pH8.0） 12.114 g Tris 溶于 800 ml 蒸馏水，调 pH 至 8.0 后定容至 1 000 ml。

（3）肌酸激酶活性测定的底物溶液 取 10 ml 48 mmol/L 肌酸溶液，加入 1.0 ml 0.1 mol/L MgAc$_2$，2.0 ml 0.1% 百里酚蓝（称取 100 mg 百里酚蓝，加 20 ml 乙醇溶解后再加蒸馏水 60 ml），1.0 ml 0.1 mol/L pH9.0 的 Gly-NaOH 缓冲液，称取 48 mg ATP 溶于此溶液，再补加蒸馏水 5.0 ml，用 0.1～0.2 mol/L NaOH 仔细调节此溶液的颜色为深紫红色（579 nm 处吸光度值为 1.8～2.0）即可。通常可配制 20 ml，当天使用。

（4）NaOH 溶液 0.2 mol/L、0.5 mol/L、1.0 mol/L、2.0 mol/L、5.0 mol/L。

（5）其他试剂 10 g NH$_4$Cl 研细、5 mol/L NH$_4$OH、2.0 mol/L MgSO$_4$（pH8.5）、0.07 mol/L MgAc$_2$（pH9.0）、95% 乙醇、蒸馏水、粗盐。

## 实验步骤

1.兔肌酸激酶的分离、纯化

（1）将兔子颈动脉放血杀死后剥皮，取 50 g 大腿肌或背肌，去除结缔组织和神经后剪碎，加 150 ml 0.01 mol/L KCl，用组织打碎机和高速分散器各粉碎 3 次以上，每次不超过 30 s。以上过程保持冰浴。

（2）冰浴搅拌提取 15～30 min 后转入离心管中，8000 r/min，0℃，离心 10 min，弃去沉淀，测上清液体积为 $V_1$，取样 0.5 ml 冰冻保存。

（3）将其余上清液加入研细的 $NH_4Cl$ 至浓度为 0.1 mol/L，用 5 mol/L $NH_4OH$ 调 pH 至 9.0，冰浴搅拌 30 min。

（4）加入 1.5 倍 $V_1$ 体积的 95% 冷乙醇，20℃搅拌 2.5 h，-8℃，8000 r/min 离心 10 min，弃沉淀，测上清液体积为 $V_2$，取样 0.5 ml 冰冻保存。

（5）加入 $V_A$ 体积的 2 mol/L $MgSO_4$（pH＝8.5）至终浓度为 0.03 mol/L，并补加 $1.5V_A$ 体积的 95% 冷乙醇，搅拌 30 min。

（6）将搅拌好的溶液转入离心管中，-8℃，8000 r/min 离心 10 min，弃去上清液，离心管倒扣在吸水纸上吸干残留水分。

（7）在离心管沉淀中加 1/10 $V_1$ 体积的 $MgAc_2$（0.07 mol/L，pH＝9）溶解悬浮（可置冰箱过夜），冰浴搅拌 1 h 以充分溶解 CK。

（8）将搅拌溶解的溶液转入离心管中，0℃，12000 r/min 离心 10 min，弃去沉淀，测上清液体积为 $V_3$，取样 0.5 ml 冰冻保存。

（9）将剩余的上清液转入烧杯中，用 0.5～1 mol/L NaOH 调 pH＝8.0，置冰盐浴内缓慢加入 $V_B$ 体积的 95% 冷乙醇至终浓度为 36%。

$V_B$ 的计算方法为：

$$\frac{(V_3 - MgAc_2\ 的加入量) \times 0.6 + V_B}{V_3 + V_B} = 0.36$$

（10）搅拌 30 min 后，将溶液转入离心管中，-8℃，12000 r/min 离心 10 min，弃去沉淀，测上清液体积为 $V_4$，取样 0.5 ml 冰冻保存。

（11）置冰盐浴内缓慢加入 $V_C$ 体积的 95% 冷乙醇至终浓度为 50%。

$V_C$ 的计算方法为：

$$\frac{V_4 \times 0.36 + V_C}{V_4 + V_C} = 0.5$$

（12）搅拌 30 min 后，将溶液转入离心管中，-8℃，12000 r/min 离心 10 min，弃上清液，沉淀溶于 2～3 ml 0.01 mol/L Tris-HCl（pH 8.0）溶液中。用玻璃棒搅拌使其溶解，测溶液体积为 $V_5$，冰冻保存。

2.肌酸激酶的活性测定

（1）配制肌酸激酶活性测定的底物溶液，用 0.1 mol/L NaOH 将其 pH 值调至 9.0，此时溶液的颜色为深紫红色，在 579 nm 处吸光度值为 1.8～2.0。

（2）确定各待测酶溶液合适的稀释倍数，使得在测定时，3 min 内吸光度 $A_{597}$ 值呈线性下降。

（3）活性测定时，取 1.0 ml 底物溶液置于可见微量比色皿中，加入 10 μl 酶溶液，迅速盖上盖子，混匀后立即检测 597 nm 处光吸收的变化，每 15 s 读一次吸光度值（$A_{597}$），共读取 5~6 个数据点。

（4）用 $A_{597}$ 对时间作图，从图中求出每分钟吸光度值的变化，即 $\Delta A_{597}$，按下式计算酶的比活力（$U$）：

$$U=\frac{1.3\times\Delta A_{597}\times V_{A}}{C\times V_{B}}\times 稀释倍数\ [\mu mol/(min\cdot mg)]$$

其中，1.3 为吸光度的变化换算成 $H^{+}$ 的系数；$V_{A}=1.0\ ml$（底物溶液）；$V_{B}=0.01$（加入的酶溶液）；$C$ 为加入酶溶液的浓度。

（5）测定酶溶液浓度 $C$，以蒸馏水为对照，按其在 280 nm 处的吸光度值来确定，其百分吸光系数为 $E_{1cm}^{1\%}=8.8$。

$$C=\frac{A_{280}\times 10}{8.8}\times 稀释倍数$$

## 注意事项

1. 在测定肌酸激酶的活性时，配制的底物溶液在波长 597 nm 处的吸光度会随着放置时间的推移而逐渐下降，当放置时间过长时，不新鲜的底物溶液会对酶活性的测定造成影响。

2. 当加入酶样品的底物溶液 $A_{597}$ 值下降到 1.0 以下后，$A_{597}$ 值随时间变化的线性关系则会变得不明显，下降速度会降低。

3. 分离、纯化过程中，各步骤 $V_{1}$ 到 $V_{5}$ 的体积测定均采用量筒，其中 $V_{3}$ 到 $V_{5}$ 的体积较小，测定时会产生一定的误差，对总蛋白量和比活力的计算可能有一定影响。

## 临床意义

肌酸激酶的同工酶在临床诊断中有十分重要的意义，在各种病变包括肌肉萎缩和心肌梗死发生时，人的血清中肌酸激酶水平迅速提高，目前认为在心肌梗死的诊断中测定肌酸激酶的活性比做心电图更为可靠。心肌梗死时，肌酸激酶在起病 6 h 内升高，24 h 达高峰，3~4 天内恢复正常。其中肌酸激酶的同工酶 CK-MB 诊断的特异性最高。肌酸激酶因其具有重要的生理功能和临床应用价值，已引起人们广泛的重视和深入的研究。

## 思 考 题

1. 什么是同工酶？请列举肌酸激酶同工酶的类型。

2. 肌酸激酶在机体内的主要作用是什么？其同工酶的测定在临床诊断中有何作用？

# 第二节 蔗糖酶与淀粉酶的专一性

## 实验目的

1.掌握酶专一性的原理。
2.熟悉检验酶专一性的方法。
3.了解酶专一性的临床应用意义。

## 实验原理

酶是一种生物催化剂，它与一般催化剂最主要的区别是具有高度的特异性（即专一性）。所谓酶的专一性指的是一种酶只作用于一种或一类化合物的一定的化学键，催化一定的化学反应，产生一定的产物。

蔗糖是一种双糖，分子组成为 α- 吡喃葡萄糖与 1, 2-β- 呋喃果糖；棉子糖是一种三糖，其分子组成为 α- 吡喃半乳糖、1, 6-α- 吡喃葡萄糖与 1, 2-β- 呋喃果糖；淀粉是一种多糖，分子只含有 α-1, 4 和 α-1, 6- 葡萄糖苷键。

蔗糖酶专一水解 α- 吡喃葡萄糖与 1, 2-β- 呋喃果糖糖苷键，因此，蔗糖酶能催化蔗糖和棉子糖的水解，不能催化淀粉水解；淀粉酶专一水解 α-1, 4- 葡萄糖苷键，故淀粉酶只能催化淀粉水解。

蔗糖、棉子糖和淀粉均无还原性，对 Benedict 试剂呈阴性反应，而它们的水解产物则为还原性糖，与 Benedict 试剂共热产生红棕色氧化亚铜沉淀，据此可检测蔗糖、棉子糖、淀粉有无水解，观察酶的专一性。

## 实验器材与试剂

1.仪器 学生实验仪器一套、恒温水浴箱、漏斗、铁架台、量筒、吸量管、电炉、水浴锅。
2.实验材料及试剂
（1）1% 蔗糖溶液 称取蔗糖 1 g，溶解于 100 ml 蒸馏水中。
（2）1% 棉子糖溶液 称取棉子糖 1 g，溶解于 100 ml 蒸馏水中。
（3）1% 淀粉溶液 量取近 100 ml 蒸馏水于 250 ml 烧杯中，置电炉加热煮沸，称取可溶性淀粉 1 g，加入煮沸的蒸馏水中，注意搅拌，溶解后，水浴冷却，加蒸馏水至 100 ml，混匀备用。
（4）Benedict 试剂 称取柠檬酸钠 173 g 和无水碳酸钠 100 g，溶解于蒸馏水约 800 ml 中（可加热促溶），冷却后慢慢倾入 17.5 g 结晶硫酸铜 100 ml，边加边摇，然后加蒸馏水至 1 000 ml。混匀备用。若混浊，可过滤，试剂可长期保存。
（5）5% 氨水 量取浓氨水 17.9 ml，加蒸馏水至 100 ml，混匀备用。

（6）3%～5%稀醋酸 量取5ml冰醋酸，加蒸馏水至100ml，混匀备用。

（7）其他试剂 硅藻土、鲜酵母、甲苯、蒸馏水。

## 实验步骤

### 1. 酵母蔗糖酶提出液制备

取鲜酵母（面包酵母）2小匙置于小试管中，加甲苯1～2ml，用粗玻璃棒搅拌，30～45min使酵母液化，然后加蒸馏水3～5ml，充分混匀。3000r/min离心10min，弃上清液，保留沉淀于小试管中，加蒸馏水约1.5ml，甲苯5滴，混匀，置30℃水浴中过夜。次日取出，用玻璃棒搅拌均匀，一边搅拌一边加3%～5%稀醋酸，调节pH至3.5～4.0（用pH试纸测试），3000r/min离心10min。将上清液转移至一洁净的试管内，加入少量硅藻土（约一小匙），混匀，过滤。滤液用氨水中和至pH5左右，置4℃冰箱保存备用。使用前可根据实验需要的活性大小适当稀释。

### 2. 准备稀释唾液（淀粉酶的来源）

表14-1 蔗糖酶与淀粉酶的专一性鉴定试剂添加量

| 试剂 | 试管 | | | | | |
| --- | --- | --- | --- | --- | --- | --- |
| | 1号 | 2号 | 3号 | 4号 | 5号 | 6号 |
| 1%蔗糖溶液 | 10滴 | — | — | 10滴 | — | — |
| 1%棉子糖溶液 | — | 10滴 | — | — | 10滴 | — |
| 1%淀粉溶液 | — | — | 10滴 | — | — | 10滴 |
| 稀释唾液 | 5滴 | 5滴 | 5滴 | — | — | — |
| 蔗糖酶液 | — | — | — | 5滴 | 5滴 | 5滴 |

实验者先用水漱口，然后含一口蒸馏水，轻漱口1～2min，吐入小烧杯中。

### 3. 取大试管6支，并编号，按表14-1加入试剂。

每管试剂混匀后置37℃恒温水浴箱中保温30min。另取大试管6支，每支试管中加Benedict试剂1ml（约20滴），于沸水浴中加热后，分别将保温后的试管中液体缓缓加入（注意使之分层，不可抖动），继续置于沸水浴中2min，放试管架上冷却（注意轻拿轻放，不可抖动），观察、记录结果并进行解释。

## 注意事项

1. 将保温后的试管中液体加入Benedict试剂后，注意轻拿轻放，不可抖动，否则实验现象不明显，不易观察结果。

2. 6支试管在加入相应试剂后，其他所有的处理（如反应时间、温度等）都应保持一致。

3. 新鲜唾液的稀释倍数一般为200倍。但是，由于不同人或同一人不同时间采集的唾液内淀粉酶的活性并不相同，有时差别很大，稀释倍数可以是50～300倍，甚至超出此范围。

因此，应事先确定稀释倍数。另外，要注意除去唾液中的气泡，避免稀释倍数不准确而影响实验结果。稀释好的新鲜唾液用滤纸过滤后待用。

## 临床意义

酶是由活细胞产生的一种生物催化剂，它与一般催化剂最主要的区别是酶对所作用的底物有严格的选择性。一种酶仅能作用于一种物质，或一类分子结构相似的物质，促使其进行一定的化学反应，产生一定的反应产物，这种选择性作用称为酶的专一性。例如，淀粉酶能催化淀粉水解，但不能催化脂肪水解；而脂肪酶则能催化脂肪水解，却不能催化淀粉水解。对于酶的专一性的研究，可指导临床上对症下药，避免对其他酶的活性造成破坏。

## 思考题

1. 什么是酶的专一性？本实验结果为什么能说明酶具有这种性质？
2. 本实验中，加入稀释唾液和蔗糖酶的做法有何区别？试说明酶学实验中安排对照试验的必要性。

（陈　琳）

# 第十五章 核酸实验

## 第一节 酵母 RNA 的提取（浓盐法）及成分鉴定

### 实验目的

1. 掌握用浓盐法提纯 RNA 的基本原理和方法。
2. 熟悉鉴定核酸成分的操作方法。
3. 了解核酸的组成。

### 实验原理

酵母中 RNA 含量高，占其干重的 3%～10%，而 DNA 含量仅为其干重的 0.03%～0.5%，且菌体容易收集，因此多采用酵母为原料来提取 RNA。酵母 RNA 的提取根据目的不同所采用的方法也不同，工业上常用稀碱法和浓盐法。这两种方法所提取的核酸均为变性的 RNA 及部分降解的 RNA，主要用作制备核苷酸的原料，其工艺比较简单。本实验采用浓盐法，即使用 10%NaCl 溶液在加热条件下使酵母细胞壁通透性增加或发生破损，且加热又可将酵母中蛋白质变性沉淀，使 RNA 以可溶性钠盐的形式游离析出。离心去除菌体，将上清液 pH 调至 RNA 等电点（pH 2～2.5），使 RNA 沉淀析出，收集沉淀并用乙醚洗涤，去除杂质，提纯 RNA。

RNA 含有碱基、核糖、磷酸等组分，加硫酸沸水浴可使 RNA 水解，在水解液中可用加银沉淀碱基及定磷、定糖等方法测出上述组分的存在。

RNA 在强酸性条件下，沸水浴水解反应如下：

$$\text{RNA} + H_2O \xrightarrow[\text{沸水浴}]{H_2SO_4} \text{碱基} + \text{核糖} + \text{磷酸}$$

碱基（嘌呤）：

$$\text{AgNO}_3 + \text{NH}_3 \cdot H_2O\,(\text{过量}) = [\text{Ag(NH}_3)_2]\text{OH}$$

$$[\text{Ag(NH}_3)_2]\text{OH} + \text{嘌呤} \xrightarrow{\text{沸水浴}\,(\geqslant 10\,\text{min})} \text{嘌呤盐基银} \downarrow (\text{棕色})$$

磷酸：

$$H_3PO_4 + (NH_4)_2MoO_4 \longrightarrow 磷钼酸（复杂的无机多聚物）$$

$$磷钼酸 + FeSO_4 \xrightarrow{沸水浴} 钼蓝（呈蓝色）$$

核糖：

（蓝绿色复合物）

## 实验器材与试剂

1. 仪器　学生实验仪器一套、精密 pH 试纸（pH 0.5～5.0）、广泛 pH 试纸（pH 1～14）、冰块、滴定板、电炉、锥形瓶（100 ml×1）、刻度吸量管（10 ml）、离心机、离心管（50 ml×2）、水浴锅。

2. 材料及试剂

（1）5% 氨水　取浓氨水 17.9 ml，加蒸馏水至 100 ml，混匀备用。

（2）10% NaCl　称取 10 g NaCl，溶解于约 80 ml 蒸馏水中，再加蒸馏水定容至 100 ml，混匀备用。

（3）6 mol/L HCl　取浓盐酸 50 ml，加蒸馏水至 100 ml，混匀备用。

（4）$(NH_4)_2MoO_4$　称取 5 g 钼酸铵，溶于 60 ml 蒸馏水中；另将 15 ml 浓硫酸缓缓加入 25 ml 蒸馏水中，混匀，冷却，再将以上两溶液合并，混匀即得 100 ml $(NH_4)_2MoO_4$ 试剂。

（5）1.5 mol/L $H_2SO_4$　取浓 $H_2SO_4$ 8.33 ml 加入 90 ml 蒸馏水中，混匀后再定容至 100 ml。

（6）$Fe^{3+}\cdot HCl$　100 ml 浓盐酸加入 100 mg 三氯化铁。

（7）0.1 mol/L $AgNO_3$　称取 16.987 g $AgNO_3$，加蒸馏水定容至 1000 ml。

（8）5% 5-甲基间苯二酚溶液　取 15 g 5-甲基间苯二酚加入 95% 乙醇 300 ml 溶解。

（9）其他试剂　浓氨水、干酵母、乙醚、蒸馏水。

## 实验操作

1. 酵母 RNA 的提取

（1）提取　量取 10% NaCl 溶液 40 ml 于 100 ml 锥形瓶内，沸水浴约 2 min。取干酵母 5 g（约一平勺）加入，搅匀后置沸水浴中加热 40 min（注意：细胞中所含的磷酸二酯酶及磷酸酶在 20～70℃活性最高，容易降解 RNA，故先将 NaCl 溶液预热后加入干酵母，可避免在此温度范围内停留过久导致 RNA 降解）。

（2）离心分离 RNA　将上述锥形瓶取出，冷却后将瓶内溶液装入离心管（因此时各种酶均已失活，所以冷却速度并不会导致 RNA 降解）。平衡后 3 000 r/min 离心 10 min。离心完毕后，离心管内上层为含 RNA 的 NaCl 溶液，下层为菌体残渣及变性蛋白质沉淀。

（3）沉淀提纯 RNA　将离心管中的上清液小心倾入 50 ml 烧杯内，冰浴冷却。用 6 mol/L HCl 调 pH 值至 RNA 的等电点 2.0 ~ 2.5（一滴一滴加入，边滴加边搅拌，随着 pH 值下降，白色 RNA 沉淀逐渐增加，至等电点时沉淀最多），如 pH 值调过，可用浓氨水（当 pH 严重偏离等电点）或稀氨水（pH 偏离不太严重）调回。冰浴中静置 10 min 使沉淀完全，颗粒变大。再经 3 000 r/min 离心 10 min，收集沉淀。用少量乙醚洗涤沉淀 2 ~ 3 次，使 RNA 沉淀疏松，同时可去除可溶性脂类及色素等物质以提高 RNA 的纯度。

2. RNA 成分鉴定

（1）溶解 RNA　在离心所得含 RNA 的离心管中加入 1 滴蒸馏水，用玻璃棒搅成糊状。再加入 10 ml 蒸馏水，用 5% 氨水调 pH 值至 6 ~ 7 后，一边搅拌一边加入 5% 氨水至白色 RNA 颗粒完全溶解。

（2）水解 RNA　取 5 ml RNA 溶液于一大试管中，加入 1 ml（约 20 滴）1.5 mol/L $H_2SO_4$ 溶液。因溶液 pH 下降，接近 RNA 的等电点，故溶液中析出白色的 RNA 颗粒。沸水浴 10 min 至溶液澄清，得 RNA 水解液。

（3）检验 RNA 的各个成分

① 检验核糖：取大试管 1 支，加入 1 ml（约 20 滴）水解液和 1 ml（约 20 滴）的 $Fe^{3+} \cdot HCl$ 试剂，再加 2 滴 5% 5- 甲基间苯二酚溶液，混匀，沸水浴 2 ~ 3 min，观察其颜色的变化。

② 检验嘌呤：取大试管 1 支，加入水解液 1 ml（约 20 滴），加入 0.1 mol/L $AgNO_3$ 1 ml（约 20 滴），滴加浓氨水至试管中白色沉淀消失，再加浓氨水 0.5 ml（约 10 滴）。沸水浴 15 min 以上，观察有无沉淀产生。

③ 检验磷酸：取大试管 1 支，加水解液 1 ml（约 20 滴），$(NH_4)_2MoO_4$ 试剂 1 ml（约 20 滴），摇匀，再加一小匙 $FeSO_4$ 结晶粉（约相当于一粒绿豆大小）。沸水浴 2 min 后，不断观察颜色的变化。

## 注意事项

1. $Fe^{3+} \cdot HCl$ 有强腐蚀性和挥发性，浓氨水有强刺激性，均在通风橱中吸取。
2. 水浴时候避免水烧干。
3. 第一次离心取上清液时，不可带入下层沉淀。

## 临床意义

RNA 的成功提取对临床检测非常重要。病毒 RNA 临床检测的意义是通过医学检测可以准确诊断被检查者是否感染某种病毒，是否需要治疗，以免病情在不知道的情况下慢慢发展恶化。通过检测，可以为临床相关疾病的诊断和治疗提供依据。

## 思考题

　　1. 在酵母破壁时为什么要将 10%NaCl 溶液水浴煮沸了以后再放入酵母？
　　2. 实验中两次调 pH 值的目的分别是什么？

# 第二节　肝细胞核中核酸（RNA 和 DNA）的分离和测定

## 实验目的

　　1. 掌握肝细胞核中核酸分离和核酸含量测定的原理。
　　2. 熟悉肝细胞核中核酸分离和核酸含量测定的方法。
　　3. 了解核酸含量测定的临床意义。

## 实验原理

　　将从肝细胞中提取出的细胞核沉淀溶于蔗糖 – 氯化钙盐溶液中，抽提得到核酸粗制品，再用三氯乙酸及有机溶剂抽提，除去小分子物质和脂质。最后用 0.3 mol/L 高氯酸（90℃）提取，获得较纯的核酸物质，进行测定。为防止核酸大分子的变性降解，提纯过程需在 0~4℃ 条件下进行。

## 实验器材与试剂

　　1. 仪器　学生实验仪器一套、玻璃匀浆器、解剖器、手术剪、显微镜、恒温水浴箱、离心机、分光光度计、电炉、一次性手套、微量移液器、离心管。
　　2. 材料及试剂
　　（1）新鲜肝组织。
　　（2）细胞提取液　新鲜配制，调节 pH 至 7.4。
　　（3）二苯胺试剂（新鲜配制）　称取 1.5 g 二苯胺，溶解于 100 ml 冰醋酸中，再加 1.5 ml 优级浓 $H_2SO_4$ 溶液。
　　（4）苔黑酚试剂　称取 0.5 g 苔黑酚，溶解于 100 ml 1 g/L $FeCl_3$ 的浓 HCl 溶液中。
　　（5）其他试剂　5 mol/L 三羟甲基氨基甲烷（Tris）、0.5 mol/L 乙二胺四乙酸二钠（EDTA–$Na_2$）、0.25 mol/L 蔗糖、1 mol/L $MgCl_2 \cdot 6H_2O$、10 mol/L Tris–HCl 缓冲液（pH=7.4）、0.25 mol/L 蔗糖 –3 mmol/L 氯化钙溶液、95% 乙醇、0.5 mol/L 三氯乙酸溶液（TCA）、0.3 mol/L 高氯酸溶液（PCA）、标准 RNA 溶液（40 μg/ml）、标准 DNA 溶液（0.15 mg/ml）。

### 实验步骤

**1. 细胞破碎**

将体重20g左右的健康小白鼠脱颈椎处死后,迅速剖腹取出肝,用冰冷的细胞提取液洗3次,滤纸吸干,称重。将肝放入冰冷小烧杯内,用手术剪剪成小块状,用提取液洗2次,至无色或浅粉色,再剪成浆状,转入匀浆器中,加提取液2ml,手转打匀浆约6次破碎细胞。用显微镜检查细胞是否破碎,待95%以上细胞破碎后,再加细胞提取液10ml制成肝匀浆。

**2. 收集核沉淀**

将匀浆液转入离心管中,700r/min离心10min,取沉淀混悬于10ml 10mol/L Tris-HCl中,700r/min离心10min,得到无红细胞的细胞核沉淀。

**3. 核酸的分离**

向细胞核沉淀中加入1ml 0.25mol/L蔗糖-3mmol/L CaCl₂溶液,悬液经两层纱布过滤至离心管中,1 500r/min离心10min,收集沉淀。加入5ml冰冷的0.5mol/L TCA,充分搅拌,2 000r/min离心5min,弃上清液,收集沉淀,重复上述过程一次。向再次收集的沉淀中加入95%乙醇5ml,置60~70℃水浴5min,2 000r/min离心5min,弃去上层脂质,收集沉淀,重复上述过程一次。向收集后的沉淀中加入5ml冰冷的0.3mol/L TCA,置90℃水浴30min,注意搅拌,2 000r/min离心5min,弃去沉淀(蛋白质残余物),收集上清液(核酸成分),留核酸提取液测定DNA、RNA含量。

**4. RNA、DNA的定量测定**

(1)RNA标准曲线的制作与细胞核中RNA含量的测定 取8支大试管并编号,分别按表15-1所示加入相应试剂。

表15-1 RNA标准曲线的制作与细胞核中RNA含量的测定试剂添加量

| 试剂 | 空白管 | 标准管 | | | | | | 样品管 |
| --- | --- | --- | --- | --- | --- | --- | --- | --- |
| | 1 | 2 | 3 | 4 | 5 | 6 | 7 | 8 |
| 蒸馏水(ml) | 2 | 1.9 | 1.8 | 1.5 | 1.0 | 0.5 | 0 | 0 |
| 40μg/ml RNA标准液(ml) | 0 | 0.1 | 0.2 | 0.5 | 1.0 | 1.5 | 2.0 | 0 |
| 样品液(ml) | 0 | 0 | 0 | 0 | 0 | 0 | 0 | 2 |
| 苔黑酚试剂(ml) | 2 | 2 | 2 | 2 | 2 | 2 | 2 | 2 |
| 混匀后,置100℃水浴中显色15min,640nm波长下测定各管的吸光度值 | | | | | | | | |

记录各管吸光度值,以空白管为对照,以RNA标准液吸光度值为纵坐标,以RNA标准液的质量(μg)为横坐标,绘制标准曲线。对照标准曲线,计算样品中RNA含量,并计算每克肝鲜重中RNA的含量(μg)。

(2)DNA标准曲线的制作与细胞核中DNA含量的测定 取8支大试管,按表15-2所示加入相应试剂。

记录各管吸光度值,以空白管为对照,以DNA标准液吸光度值为纵坐标,以DNA标准液的质量(mg)为横坐标,绘制标准曲线。对照标准曲线,计算样品中DNA含量,并计算

表 15–2    DNA 标准曲线的制作与细胞核中 DNA 含量的测定试剂添加量

| 试剂 | 空白管 | 标准管 | | | | | | 样品管 |
|---|---|---|---|---|---|---|---|---|
| | 1 | 2 | 3 | 4 | 5 | 6 | 7 | 8 |
| 蒸馏水（ml） | 2 | 1.9 | 1.8 | 1.5 | 1.0 | 0.5 | 0 | 0 |
| 0.15mg/ml DNA 标准液（ml） | 0 | 0.1 | 0.2 | 0.5 | 1.0 | 1.5 | 2.0 | 0 |
| 样品液（ml） | 0 | 0 | 0 | 0 | 0 | 0 | 0 | 2 |
| 二苯胺试剂（ml） | 2 | 2 | 2 | 2 | 2 | 2 | 2 | 2 |
| 混匀后，置 100℃ 水浴中显色 15min，640nm 波长处测定各管的吸光度值 | | | | | | | | |

每克肝鲜重中的 DNA 含量（mg）。

## 注意事项

1. 核酸提取过程中，各项操作需在低温下进行以避免核酸的降解。
2. 核酸定量测定过程中，各标准管与样品管的处理均需一致，否则有可能产生误差。

## 临床意义

RNA 指标和 DNA 指标对原发性肝细胞癌（primary hepatocellular carcinoma，PHC）的临床病理诊断符合率分别为 93.7% 和 75.0%，其中 RNA 指标更敏感，双指标联合应用与临床病理诊断符合率为 96.8%。因此，RNA、DNA 含量可作为 PHC 诊断及判断预后的理想指标，RNA 及 DNA 双指标同时应用优于其中任何单项指标。

## 思 考 题

1. 为什么整个核酸的提取实验操作要在低温条件下进行？
2. 快速鉴定 RNA 和 DNA 的方法是什么？其基本原理是什么？

# 第三节    聚合酶链反应扩增技术

## 实验目的

1. 掌握聚合酶链反应技术的原理。
2. 熟悉聚合酶链反应技术的操作步骤。
3. 了解聚合酶链反应技术的临床应用。

## 实验原理

聚合酶链反应（polymerase chain reaction，PCR）技术实际是在模板 DNA、引物和 4 种脱氧核糖核苷三磷酸存在的条件下，依赖于 DNA 聚合酶的酶促合成反应。它可在试管中建立反应，其原理与细胞内发生的 DNA 复制过程十分类似。PCR 技术操作简单，容易掌握，结果也较为可靠，其特异性取决于人工合成的一对寡核苷酸引物和模板 DNA 结合的特异性。反应分为 3 步：

1. 变性

通过加热使 DNA 双螺旋的氢键断裂，双链解离形成单链 DNA，变性温度一般为 93～95℃。

2. 退火

当温度突然降低至 $T_m$ –5℃时，由于模板分子结构较引物要复杂得多，而且反应体系中引物 DNA 量大大多于模板 DNA，使引物和其互补的模板在局部形成杂交链，而模板 DNA 双链之间互补配对的机会较少。

3. 延伸

在 DNA 聚合酶和 4 种脱氧核糖核苷三磷酸底物及 $Mg^{2+}$ 存在的条件下，发生以引物为起始点沿 $5' \rightarrow 3'$ 方向的 DNA 链延伸反应。

以上 3 步为一个循环，每一个循环的产物可以作为下一个循环的模板，数小时之后，介于两个引物之间的特异性 DNA 片段得到了大量复制，数量可达 $2 \times 10^6 \sim 2 \times 10^7$ 拷贝（图 15-1）。

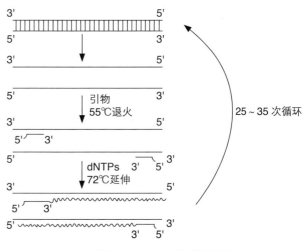

**图 15-1 PCR 原理示意图**

## 实验器材与试剂

1. 仪器 PCR 扩增仪、离心机、冰盒、微量加样器（20 μl、100 μl）及 Tip 头、离心管（0.5 ml、1.5 ml）、高速冷冻离心机、紫外凝胶成像仪、电泳仪（电泳槽）、制冰机、高温烤箱、高压灭菌锅、电子天平、混匀器、研钵、铝合金盒。

2. 材料及试剂

（1）RNA 的提取 液氮、氯仿、异丙醇、70% 乙醇、无 RNase 的水、二乙基焦碳酸酯（diethylpyrocarbonate，DEPC）、Trizol 试剂。

（2）RNA 的检测 5×TBE 缓冲溶液（54 g Tris 碱、27.5 g 硼酸、pH＝8.0 0.5 mol/L EDTA 20 ml，补足水至 1L）、1.0% 琼脂糖、溴化乙锭（EB）。

（3）逆转录试剂盒 $MgCl_2$（25 mmol/L）、10× 逆转录缓冲液、dNTPs（10 mmol/L）、RNase（40 U/μl）、AMV 逆转录酶（24 U/μl）、Oliga（dT）、无菌水（无核酸酶，DEPC 处理过）。

（4）cDNA 的 PCR 扩增试剂盒 10×PCR 缓冲液、Taq DNA 聚合酶、dNTPs（10 mmol/L）、引物。

## 实验步骤

1. RNA 的提取

（1）取小白鼠的肌肉约 100 mg，放在冷冻研钵中，用液氮冻结，并研磨均匀。

（2）加入适量的 Trizol 试剂（100 mg/ml）充分裂解细胞，冰上放置 5 min，将液体吸入 1.5 ml 离心管中。

（3）加入 0.2 ml 氯仿/ml，摇动混匀，放置冰上 5 min，然后于 2～8℃，10 000 r/min 离心 10 min。

（4）用微量加样器吸取上清液于另一离心管中（约 600 μl），在其中加入等体积的异丙醇（沉淀 RNA），冰上放置 10 min。

（5）2～8℃，10 000 r/min 离心 15 min，弃上清液。

（6）加入 70% 乙醇溶液 1 ml（洗涤 RNA 沉淀），然后在 2～8℃，7 500 r/min 离心 5 min（RNA 放在 70% 乙醇中可长期保存）。

（7）弃上清液，使 RNA 沉淀倒立在滤纸上空气干燥 5～10 min。

（8）加入 16～20 μl 不含 RNase 的水溶解 RNA，在混匀器上混匀。

2. RNA 的检测

（1）配制 0.5×TBE 电泳缓冲液。

（2）制胶（浓度为 1.0%）  称取 1.0 g 琼脂糖加入 100 ml 0.5×TBE 电泳缓冲液，微波炉中微火溶解。冷却至 60℃后加入 EB（10 mg/ml 的终浓度为 0.5 mg/ml）。

（3）洗净有机玻璃制胶槽，两端用胶带封严，放入梳子，倒胶厚度一般为 3～5 mm，待凝固。

（4）取出梳子，撤除胶带，将胶槽放入电泳槽中加 0.5×TBE 电泳缓冲液，倒入同浓度的缓冲液，使液面高于胶面约 1 mm。

（5）点样  取 4 μl 提取样品，加 1～2 μl 6× 上样缓冲液，放在一次性薄膜手套上点样。

（6）电泳  50～80 V 电压下电泳。

（7）RNA 质量检测结果。

3. 逆转录（RT）反应（反应体系 20 μl）

（1）打开制冰机制冰，备用。

（2）取 9.8 μl RNA 于 PCR 管中，PCR 仪设定 70℃，10 min，预变性之后，取出轻轻弹几下，放置冰上（防止复性）。

（3）反应液成分如下：模板总 RNA、$MgCl_2$（25 mmol/L）4 μl、10× 缓冲液 2 μl、dNTPs（10 mmol/L）2 μl、RNase（40 U/μl）0.5 μl、AMV 逆转录酶（24 U/μl）0.7 μl、Oligo（dT）1 μl。用双蒸水将反应液总体积补足 20 μl。

（4）加完以上试剂后，轻轻混匀，放入 PCR 仪中，设定水浴 42℃，1 h；95℃，5 min，4℃ 保存（得到产物 cDNA）。

4. PCR 扩增

采用序列特异性引物，以肌肉组织 cDNA 为模板，PCR 体系（20 μl）包含：10×PCR 缓冲液 2 μl、Taq DNA 聚合酶 0.4 μl、dNTPs（10 mmol/L）0.4 μl、20 μmol/L 引物 0.2 μl、组织 cDNA 0.8 μl、双蒸水 14 μl。

扩增条件如下：95℃，预变性 3 min；94℃，变性 40 s，52℃，退火 30 s，70℃延伸 50 s，30 个循环；72℃，10 min 最后延伸。PCR 产物于 1.0% 琼脂糖凝胶电泳检测，EB 染色，紫外灯下观察，照相。

## 注意事项

1. 冰上操作。
2. 无菌操作。
3. Taq 酶应在最后加入，加完后即放回冰上，以防 Taq 酶失活。
4. 琼脂糖检测时要加 EB。

## 临床意义

PCR 技术操作简单，容易掌握，结果也较为可靠。该技术为基因的分析与研究提供了一种强有力的手段，是现代分子生物学研究中的一项富有革命性的创举，对整个生命科学的研究与发展，都有着深远的影响。在基因分析方面，PCR 技术能够快速、灵敏地放大被测试的目的基因，可用于鉴定由基因缺失、突变、转位及致病基因所引起的各种疾病。PCR 技术已广泛地用于遗传病的基因分析和产前诊断、传染病原体的检测、癌基因的临床分析等方面。

## 思 考 题

1. 聚合酶链反应包括哪些步骤？
2. 试比较聚合酶链反应和细胞内 DNA 复制的异同点。

（陈 琳）

# 第十六章　物质代谢相关实验

## 第一节　红细胞膜总胆固醇含量的测定

### 实验目的

1. 掌握红细胞总胆固醇含量测定的原理。
2. 熟悉红细胞总胆固醇含量测定的方法。
3. 了解总胆固醇测定的临床意义。

### 实验原理

红细胞膜总脂中约有一半是胆固醇，其中游离胆固醇占绝大部分，极少量为胆固醇酯。游离胆固醇和胆固醇酯合称为总胆固醇。本实验用乙酸乙酯与乙醇混合液（1∶1）抽提膜脂类；用三氯化铁－浓硫酸混合溶液显色，通过与同样处理的胆固醇标准液在波长 540 nm 处比色，即可求出红细胞膜总胆固醇的量。其反应机制如下：

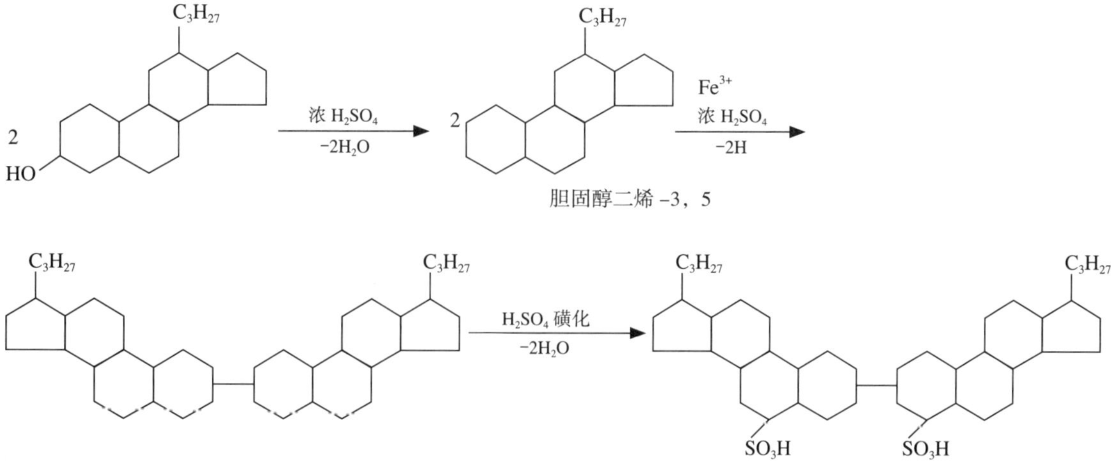

胆固醇二烯 -3，5

双胆固醇二烯－二磺酸（红色）

## 实验器材与试剂

1.仪器　学生实验仪器一套、分光光度计、离心机、离心管、毛细管、水浴锅、微量移液器、刻度吸量管、容量瓶。

2.材料及试剂

（1）显色剂储存液　称取 2.5 g 三氯化铁（$FeCl_3 \cdot 9H_2O$，分析纯）溶解于 100 ml 浓硫酸（分析纯，比重 1.71）中，如三氯化铁溶解太慢，可在 $60 \sim 76\,℃$ 水浴溶解，冷却后备用。

（2）显色剂应用液　取显色剂储存液 8 ml，加浓硫酸（分析纯，比重 1.834）92 ml，混匀即可，不用时加盖塞紧，以免受潮。

（3）抽提液　将无水乙醇（化学纯）与乙酸乙酯（分析纯）按体积比 1∶1 混合即成。不用时，塞紧瓶塞，储存于荫凉处，以免蒸发。

（4）胆固醇储存标准液（1 ml 相当于 1 mg）　准确称取干燥胆固醇（熔点 $148 \sim 150\,℃$）100 mg，溶解于抽提液中，然后移入 100 ml 容量瓶内，用抽提液洗涤烧杯 2 次，倾入容量瓶内，用抽提液定容，混匀后储存于冰箱备用。

（5）胆固醇应用标准液（1 ml 相当于 0.1 mg）　用刻度吸量管吸取 10 ml 胆固醇储存标准液于 100 ml 容量瓶中，用抽提液定容。

（6）其他试剂　静脉血、冰醋酸（分析纯）、磷酸盐缓冲液（pH 7.4）、Tris-HCl 缓冲液。

## 实验步骤

1.血影细胞制备

10 ml 肝素抗凝静脉血于 $4\,℃$，3 000 r/min 离心 20 min，去除血浆及白细胞，再加冷磷酸盐缓冲液（pH 7.4）搅拌后于 $4\,℃$，5 000 r/min 离心 20 min，弃上清液，重复 2 次后，按 1∶40加冷 Tris-HCl 缓冲液使之溶血，并混匀。$4\,℃$，9 000 r/min 离心 10 min，重复洗涤 5 次，得下层乳白色膜样品。

2.抽提

准确吸取 0.1 ml 血影细胞缓缓放入离心管中，垂直地迅速加入抽提液 1.9 ml，加塞后充分混匀 1 min，室温下静置 5 min，以 2 000 r/min 离心 5 min，用带有橡皮头的毛细管将上层清液吸入另一新的试管中备用。

3.显色

另取大试管 7 支，分别编号，按表 16-1 所示操作。

各试管中试剂混匀后，静置 10 min，以空白管为对照，在波长 540 nm 处测定其余各管吸光度值。

4.结果计算

$$红细胞膜胆固醇总量（mg/ml）= \frac{待测管吸光度值}{标准管吸光度值} \times 标准管胆固醇含量 \times \frac{1}{\frac{0.1}{2} \times 1}$$

表 16-1　红细胞膜胆固醇的显色反应各管试剂添加量

| 加入试剂（ml） | 空白管 | 标准管 | | | | | 待测管 |
| --- | --- | --- | --- | --- | --- | --- | --- |
| | 1 号管 | 2 号管 | 3 号管 | 4 号管 | 5 号管 | 6 号管 | 7 号管 |
| 上清滤液 | – | – | – | – | – | – | 1.0 |
| 抽提液 | 1.0 | 0.9 | 0.8 | 0.7 | 0.6 | 0.5 | – |
| 胆固醇应用标准液 | – | 0.1 | 0.2 | 0.3 | 0.4 | 0.5 | – |
| 冰醋酸 | 2.0 | 2.0 | 2.0 | 2.0 | 2.0 | 2.0 | 2.0 |
| 显色剂应用液 | 2.0 | 2.0 | 2.0 | 2.0 | 2.0 | 2.0 | 2.0 |

### 注意事项

1. 抽提中上层清液必须清亮透明，不能混有细微沉淀颗粒，否则应重新离心。
2. 注意勿溅出浓硫酸！小心损伤衣服、皮肤、眼睛
3. 所有试剂加完后，必须充分摇匀，使气泡尽量逸出。

### 临床意义

测定红细胞膜总胆固醇可为生物膜理论提供依据，还可为某些疾病作辅助诊断（如遗传性卵磷脂 – 胆固醇酰基转移酶缺乏症、慢性肝疾病等）。

### 思考题

红细胞膜总胆固醇测定有什么临床意义？

# 第二节　血清清蛋白、γ- 球蛋白的分离、纯化与鉴定

### 实验目的

1. 掌握盐析法、分子筛层析、离子交换层析等实验原理。
2. 熟悉盐析法、分子筛层析、离子交换层析等操作技术。
3. 了解蛋白质分离、提纯的总体思路。

### 实验原理

血清中含有清蛋白和各种球蛋白（α-、β-、γ- 球蛋白等），由于它们所带电荷不同、相对分子质量不同，在高浓度盐溶液中的溶解度不同，因此可利用它们在中性盐溶液中溶解度

的差异而进行沉淀分离，此法称为盐析法。本实验应用不同浓度硫酸铵分段盐析法可初步分离血清中的清蛋白、球蛋白。在半饱和硫酸铵溶液中，血清清蛋白不沉淀，球蛋白沉淀，离心后清蛋白主要在上清液中，沉淀的球蛋白加少量水又可重新溶解。

盐析法分离得到的蛋白质中含有大量的硫酸铵，会干扰蛋白质的进一步纯化，因此必须用透析法、凝胶过滤法等去除。本实验采用凝胶过滤法，利用蛋白质与无机盐类之间相对分子质量的差异除去粗制品中的盐类。

脱盐后的蛋白质溶液再经 DEAE 纤维素层析柱进一步纯化。DEAE 纤维素为阴离子交换剂，在 pH 6.5 的条件下带有正电荷，能吸附带负电荷的清蛋白、α- 球蛋白和 β- 球蛋白（pI 分别为 4.9、5.06 和 5.12），而 γ- 球蛋白（pI 为 7.3）在此条件下带正电荷，不被吸附而直接从层析柱流出，此时收集的流出液即为纯化的 γ- 球蛋白。提高醋酸铵溶液的浓度到 0.06 mol/L，DEAE 纤维素层析柱上的 β- 球蛋白及部分 α- 球蛋白可被洗脱下来。将醋酸铵溶液的浓度提高至 0.3 mol/L，则清蛋白被洗脱下来，此时收集的流出液即为较纯的清蛋白。

经 DEAE 纤维素阴离子交换柱纯化的清蛋白、γ- 球蛋白溶液往往体积较大，样品质量分数较低。为便于鉴定，常需浓缩。浓缩的方法很多，本实验选用聚乙二醇透析浓缩的方法。

血清清蛋白、γ- 球蛋白分离纯化后，选用醋酸纤维薄膜电泳法鉴定其纯度。

## 实验器材与试剂

1. 仪器　学生实验仪器一套、微量移液器、铁架台、层析柱（1.5 cm×20 cm）、离心机、刻度离心管（50 ml×2）、透析袋、布氏漏斗、黑白反应板、电泳仪、电泳槽、醋酸纤维薄膜、滤纸、点样器、镊子、培养皿。

2. 材料及试剂

（1）饱和硫酸铵溶液　称取固体硫酸铵 850 g 加入 1000 ml 蒸馏水中，在 70～80℃ 下搅拌促溶，室温中静置过夜，瓶底析出白色结晶，上清液即为饱和硫酸铵液。

（2）0.3 mol/L pH 6.5 醋酸铵缓冲液　称取醋酸铵 23.12 g，加蒸馏水 800 ml，用稀氨水或稀醋酸调 pH 至 6.5，定容至 1 000 ml（不得加热）。

（3）0.06 mol/L pH 6.5 醋酸铵缓冲液　取（2）溶液用蒸馏水稀释 5 倍。

（4）0.02 mol/L pH 6.5 醋酸铵缓冲液　取（3）溶液用蒸馏水稀释 3 倍。

（上述 3 种缓冲液要确保浓度和 pH 的准确性，稀释后要重调 pH）

（5）巴比妥缓冲液（pH 8.6，离子强度 0.06）　称取巴比妥钠 12.76 g，巴比妥 1.66 g，蒸馏水溶解并定容至 1000 ml。

（6）染色液　氨基黑 10B 0.25 g，用甲醇 50 ml、冰醋酸 10 ml、蒸馏水 40 ml 溶解。

（7）漂洗液　甲醇或乙醇 45 ml，冰醋酸 5 ml，蒸馏水 50 ml，混匀。

（8）其他试剂　0.5 mol/L HCl、0.5 mol/L NaOH 溶液、蒸馏水、300 g/L 三氯乙酸、奈氏试剂、葡聚糖凝胶 G-25、DEAE 纤维素、新鲜血清、聚乙二醇、双缩脲试剂。

## 实验操作

1. 硫酸铵盐析

（1）取刻度离心管 1 支，加入 1.0 ml 新鲜血清，边摇边缓慢滴入饱和硫酸铵液 1.0 ml。混匀后室温下放置 10 min，4 000 r/min 离心 10 min。用滴管小心吸出上清液置于试管中，即为粗清蛋白液。

（2）离心管底部的沉淀加入 0.8 ml 蒸馏水，振荡溶解，即为粗球蛋白液。

2. 凝胶柱层析脱盐

（1）凝胶的处理　量取 30 ml 葡聚糖凝胶 G-25，加入 2 倍量的 0.02 mol/L pH 6.5 醋酸铵缓冲液，置于沸水浴中 1 h，并经常摇动使气泡逸出。取出冷却，待凝胶下沉后，倒去含有细微悬浮物的上层液。

（2）装柱平衡　将层析柱垂直夹于铁架台上，向柱内加入少量 0.02 mol/L pH 6.5 醋酸铵缓冲液，将上述处理过的凝胶粒悬液连续注入层析柱内，直至所需凝胶床高度距层析柱上口 3～4 cm 为止。装柱时应注意使凝胶粒装填均匀，凝胶床内不得有分层和气泡，凝胶床面应平整。打开下出口夹，调节流速 2 ml/min，用 2 倍柱床体积的醋酸铵缓冲液平衡。关闭下出口夹。

（3）上样与洗脱　打开下出口夹，使床面上的缓冲液流出，待液面下降到露出凝胶床表面时，关闭出水口。用滴管吸取盐析所得清蛋白溶液，在距离床面 1 mm 处沿管内壁轻轻转动加进样品，切勿搅动床面。然后打开下出口夹，使样品进入床内，直到与床面平齐为止。立即用 1 ml 0.02 mol/L pH 6.5 醋酸铵缓冲液冲洗柱内壁，待缓冲液进入凝胶床面后再加少量缓冲液。重复 2 次，以洗净内壁上的样品溶液。然后再加入适量缓冲液于凝胶床面上，调流速 10 滴/分，开始洗脱。用小试管收集流出的液体，每管收集 20 滴，收集 10 管后关闭出水口。

（4）检测蛋白质与 $NH_4^+$　取黑白反应板各一块，按洗脱液的顺序每管取 1 滴，分别滴入反应板中，在黑色反应板中加 300 g/L 三氯乙酸溶液（或用双缩脲试剂检测）2 滴，出现白色混浊或沉淀说明有蛋白质析出，并记录各管白色混浊程度。在白色反应板中加奈氏试剂 1 滴，观察 $NH_4^+$ 出现的情况。合并含有蛋白质的各管，即为已脱盐的清蛋白溶液。γ- 球蛋白的收集同清蛋白的操作。

3. 离子交换层析柱纯化

（1）DEAE 纤维素处理　量取 DEAE 纤维素 20 ml，加 0.5 mol/L HCl 溶液 50 ml，搅拌后静置 20 min，虹吸去除上清液（也可用布氏漏斗抽干），再用蒸馏水反复洗数次直至 pH 4.0 为止。加等体积 0.5 mol/L NaOH 溶液，搅拌后静置 20 min，虹吸去除上清液，同上用蒸馏水反复洗至 pH<7 为止，然后转移到烧杯内，加 0.02 mol/L pH 6.5 醋酸铵缓冲液 40 ml 静置 30 min，待装柱。

（2）装柱与洗脱　取层析柱 1 支，按以上装柱方法将处理好的 DEAE 纤维素装入柱中，然后用 0.02 mol/L pH 6.5 醋酸铵缓冲液平衡。调节流速 20 滴/分，将脱盐后的 γ- 球蛋白溶液上柱，方法与上述脱盐法相同。同样用 300 g/L 三氯乙酸溶液或双缩脲试剂检查有无蛋白质流出。收集不被纤维素吸附的蛋白质即为纯化的 γ- 球蛋白溶液。DEAE 纤维素层析柱不必再生，可直接用于清蛋白纯化。

（3）清蛋白的纯化　将脱盐后的清蛋白溶液上柱后，用 0.06 mol/L pH 6.5 醋酸铵缓冲液洗脱，流出约 6 ml。之后将柱上的缓冲液液面降至与纤维素床表面平齐。再改用 0.3 mol/L pH 6.5 醋酸铵缓冲液洗脱，并用 300 g/L 三氯乙酸溶液或双缩脲试剂检查流出液是否含有蛋白质。流出液中有蛋白质时，立即收集，即为纯化的清蛋白液，留作纯度鉴定用。

4. 蛋白质溶液浓缩

将待浓缩的蛋白质溶液放入较细的透析袋中，置入培养皿内，透析袋周围撒上聚乙二醇。经过一定时间后即可观察到明显的浓缩现象，该浓缩样品留作纯度鉴定。以上物质在使用后可以通过加温及吹风进行回收。

5.醋酸纤维素薄膜电泳法鉴定其纯度

方法同前面所述实验。

电泳完成后，根据脱色后薄膜上出现的斑点，将清蛋白、γ-球蛋白与正常血清比较，分析样品的纯度。

### 注意事项

1.装柱时，不能有气泡和分层现象，凝胶悬液尽量一次加完。

2.加样时，切莫将床面冲起，也不要沿柱壁加入。不能搅动床面，否则分离区带不整齐。

3.流速不可太快，否则分子小的物质来不及扩散，随分子大的物质一起被洗脱下来，达不到分离目的。流速也不可太慢，否则分子小的物质扩散速度过快，随分子大的物质一起被洗脱下来，达不到分离目的。

4.在整个洗脱过程中，应始终保持层析柱床面上有一段洗脱缓冲液，不得使凝胶干结。

5.电泳时，点样样品不能太多；采取稳流的方式，注意电流按照参考值设置，不能太高；一定要等电泳条带跑到膜条 2/3 以上才能结束电泳，否则条带分不开。

### 临床意义

1.临床上球蛋白增高多见于炎症、免疫系统疾病和肿瘤。

2.球蛋白浓度降低多见于血液稀释、严重的营养不良、胃肠道疾病等。

3.清蛋白与球蛋白比值（A/G 比值）反映了清蛋白与球蛋白浓度变化的关系。正常 A/G 比值为 1～2。临床上常用 A/G 比值来衡量肝疾病的严重程度，当 A/G 比值小于 1 时，称比值倒置，为慢性肝炎或肝硬化的特征之一。

### 思 考 题

如果电泳结果发现 γ-球蛋白的分离效果不理想，应从哪些方面分析原因？

# 第三节    细胞色素 C 的制备和含量测定

### 实验目的

1.掌握细胞色素 C 的理化性质及作用。

2.熟悉细胞色素 C 制备的操作技术及含量的测定方法。

3.通过细胞色素 C 的制备，了解制备蛋白质制品的一般原理和步骤。

## 实验原理

细胞色素广泛存在于各种动、植物组织和微生物中，是一类能够传递电子的含铁蛋白质的总称。细胞色素 C 是细胞色素的一种，它是呼吸链中非常重要的电子传递体，在呼吸链上位于细胞色素 B 和细胞色素氧 化酶之间。线粒体中的绝大部分细胞色素与内膜结合紧密，仅有细胞色素 C 结合疏松，较易被分离和纯化。

细胞色素 C 是含铁卟啉辅基的结合蛋白质，每个细胞色素 C 分子含有 1 个血红素和 1 条多肽链。分子质量为 12 000 ~ 13 000，蛋白质部分由约 104 个氨基酸残基组成，其中赖氨酸含量较高，等电点为 10.2 ~ 10.8，含铁量为 0.37% ~ 0.43%。易溶于水，在酸性溶液中溶解度更大，故可用酸性水溶液提取。

细胞色素 C 的传递电子作用是由于细胞色素 C 中的铁原子可以通过得失电子进行可逆的氧化和还原反应。细胞色素 C 可分为氧化型和还原型，前者水溶液呈深红色，后者水溶液呈桃红色。细胞色素 C 对热、酸和碱都比较稳定，但三氯乙酸和乙酸可使之变性，使其活性丧失。

细胞色素 C 在心肌组织和酵母中含量丰富，本实验以新鲜动物心脏为材料，通过酸溶液提取，人造沸石吸附、硫酸铵溶液洗脱和三氯乙酸沉淀等步骤快速制备细胞色素 C 的方法，制备其粗品溶液。测定细胞色素 C 含量时，利用还原型细胞色素 C 水溶液在波长 520 nm 处有最大吸收值，选择已知浓度标准品，作出细胞色素 C 浓度和对应吸光度值的标准曲线，然后根据所测样品溶液的吸光度值，由标准曲线法求出所测样品的含量，进而计算出组织材料中细胞色素 C 的含量。

## 实验器材和试剂

1. 仪器　学生实验仪器一套、绞肉机、磁力搅拌器、电动搅拌器、离心机、分光光度计、玻璃柱（2.5 cm×30 cm）、500 ml 下口瓶、量筒、移液管、玻璃漏斗、透析袋、纱布。

2. 材料及试剂　新鲜猪心、2 mol/L $H_2SO_4$、1 mol/L $NH_4OH$（氨水）、0.2% NaCl 溶液、25%（$NH_4$)$_2SO_4$ 溶液、$BaCl_2$、蒸馏水、20% TCA（三氯乙酸）、人造沸石白色颗粒（不溶于水，溶于酸，选用 60 ~ 80 目）、连二亚硫酸钠（$Na_2S_2O_4 \cdot 2H_2O$）、细胞色素 C 标准液（2.5 mg/ml）。

## 实验步骤

1. 细胞色素 C 的制备

（1）材料处理　取新鲜或冰冻猪心，剔除脂肪、血管和韧带，洗净积血，切成小块，放入绞肉机中绞碎（可操作两遍）。

（2）提取　称取心肌碎肉 150 g，放入 1 000 ml 烧杯中，加入 300 ml 蒸馏水。用电动搅拌器搅拌，加入 2 mol/L $H_2SO_4$，调节 pH 至 4.0（此时溶液呈暗紫色，提取过程中抽提液 pH 值应一直保持在 4.0 左右），在室温下搅拌提取 2 h。用 1 mol/L $NH_4OH$ 调节 pH 至 6.0，停止搅拌。用 4 层纱布挤压过滤，收集滤液，滤渣加入 750 ml 蒸馏水，按上述条件重复提取 1 h，将两次提取液合并（如时间有限，也可只提取一次）。

（3）中和　用 1 mol/L $NH_4OH$ 将上述提取液调 pH 至 7.2（等电点为 7.2 的杂蛋白溶解

度减小，会沉淀下来），静置适当时间后过滤，得红色滤液。

（4）吸附　人造沸石容易吸附细胞色素 C，吸附后能被 25%（NH$_4$）$_2$SO$_4$ 溶液洗脱下来，从而将细胞色素 C 与其他杂蛋白分开。具体操作如下：

① 称取人造沸石 11 g，放入烧杯中，加水后搅动，倾倒除去 12 s 内不下沉的细颗粒。

② 剪裁一块大小合适的圆形泡沫塑料，放入干净的玻璃柱底部，将柱垂直放置，下端连接乳胶管，用夹子夹住。向柱内加蒸馏水至 2/3 体积，然后将预处理好的人造沸石装填入柱（避免柱内出现气泡）。装柱完毕，打开柱下端夹子，使柱内沸石面上只剩下一薄层水。

③ 将中和好的澄清滤液装入下口瓶，使之沿柱壁缓缓流入柱内，进行吸附，流出液的速度约为 10 ml/min。随着细胞色素 C 被吸附，人造沸石逐渐由白色变为红色（流出液应为淡黄色或微红色）。

（5）洗脱　吸附完毕，将红色人造沸石自柱内取出，放入烧杯中，先用自来水，后用蒸馏水洗涤至水变澄清。用 100 ml 0.2%NaCl 溶液分 3 次洗涤沸石，再用蒸馏水洗至水变澄清，重新装柱，然后用 25%（NH$_4$）$_2$SO$_4$ 溶液洗脱，流速控制在 2 ml/min 以下，收集红色洗脱液（洗脱液一旦变白，应立即停止收集）。洗脱完毕，人造沸石可再生利用。

（6）盐析　为了进一步提纯细胞色素 C，在洗脱液中，继续缓慢加入固体硫酸铵，边加边搅拌（切勿一次倒进去，造成局部浓度过大使细胞色素 C 被盐析），使（NH$_4$）$_2$SO$_4$ 溶液浓度为 45%（约相当于 67% 的饱和度，即 100 ml 洗脱液加 17 g 硫酸铵），静置过夜，使杂质蛋白沉淀析出。过滤，收集红色透亮的细胞色素 C 滤液。

（7）三氯乙酸沉淀　每 100 ml 细胞色素 C 溶液加入 2.5～5.0 ml 20% TCA 溶液，边加边搅拌，细胞色素 C 沉淀析出，立即离心（3 000 r/min，15 min），倾去上清液（如上清液带红色，应再加入适量 TCA 溶液，重复离心），收集沉淀的细胞色素 C，加入少许蒸馏水，用玻璃棒搅动，使沉淀溶解。

（8）透析　将沉淀的细胞色素 C 溶解于少量蒸馏水后，装入透析袋，放进 500 ml 烧杯中（用磁力搅拌器搅拌），用蒸馏水透析，每 15 min 换水一次，共换水 3～4 次，检查杂质是否已被除尽（检查的方法是在一支试管中加入 2 ml BaCl$_2$ 溶液，滴加 2～3 滴透析外液至试管中，若出现白色沉淀，表示未除尽，如果无沉淀出现，表示透析完全）。透析滤过液即是清亮的细胞色素 C 粗品溶液，测量其体积并进行记录。

2. 细胞色素 C 含量测定

（1）取样品液 1 ml，稀释 25 倍，得到稀释样品液。

（2）取 8 支大试管，分别进行编号后，按表 16-2 所列加入试剂。

表 16-2　细胞色素 C 含量测定试剂加样量

| | 试管 | | | | | | | |
|---|---|---|---|---|---|---|---|---|
| | 1 | 2 | 3 | 4 | 5 | 样 1 | 样 2 | 样 3 |
| 标准细胞色素 C 溶液（ml） | 0 | 0.2 | 0.4 | 0.6 | 0.8 | 0 | 0 | 0 |
| 蒸馏水（ml） | 4.0 | 3.8 | 3.6 | 3.4 | 3.2 | 3 | 3 | 3 |
| 连二亚硫酸钠（ml） | 0.2 | 0.2 | 0.2 | 0.2 | 0.2 | 0.2 | 0.2 | 0.2 |
| 稀释粗品液（ml） | 0 | 0 | 0 | 0 | 0 | 1 | 1 | 1 |
| 浓度（mg/ml） | | | | | | | | |
| $A_{520}$ | | | | | | | | |

（3）以空白管为对照，在520 nm波长处测得其余各管的吸光度值（注意：每一管加入还原剂连二亚硫酸钠后应立即比色，即一管一管做，而不是全部加完还原剂后再比色），并记录于表16-2中。

（4）计算标准样品的浓度值（mg/ml）并记录于表16-2中。以浓度为横坐标，测得的吸光度值为纵坐标，绘制标准曲线。

（5）测得的样品吸光度值取平均值（$A_{平均}$），根据此平均值查标准曲线得细胞色素C浓度，再计算猪心中细胞色素C的含量。

（6）结果计算

$$C_总 = 4.2 \times C_查 \times V \times 500/150$$

其中，$C_总$为每500 g心肌碎肉含细胞色素C的含量；4.2为样品液稀释的倍数；$C_查$为标准曲线求得的样品液浓度；$V$为提取到的原细胞色素C溶液的体积。

理论上，每500 g心肌碎肉应获得75 mg以上的细胞色素C粗制品。

## 注意事项

1. 为尽量减少损失，在每个操作过程都要细心，例如过滤用的纱布、滤纸事先一定要用少量水润湿。

2. 透析前一定要检查透析袋有无渗漏，且透析袋不能装满，以防被胀破。

## 临床意义

细胞色素C是一种细胞呼吸激活剂，在临床上可用于纠正由于细胞呼吸障碍引起的一系列缺氧症状，使其物质代谢、细胞呼吸恢复正常，病情得到缓解或痊愈。在自然界中，细胞色素C存在于一切生物细胞中，其含量与组织的活动强度成正比。

## 思 考 题

1. 试以细胞色素C的制备为例，总结蛋白质分离、纯化的方法有哪些。

2. 制备细胞色素C通常选取什么动物组织？为什么？

3. 试分析引起实验结果偏低的原因。

（汤　婷）

# 第十七章　分子生物学实验

## 第一节　琼脂糖凝胶电泳

### 实验目的

1. 掌握琼脂糖凝胶电泳的实验原理。
2. 熟悉琼脂糖凝胶电泳的操作步骤。
3. 了解琼脂糖凝胶电泳技术的实际应用意义。

### 实验原理

琼脂糖凝胶电泳是分离、鉴定和纯化 DNA 片段的标准方法。该技术操作简便、快速。此外，直接用低浓度的荧光素嵌入染料溴化乙锭进行染色，可确定 DNA 在凝胶中的位置。少至 1 ~ 10 ng 的 DNA 片段即可直接在紫外灯下检出。核酸是两性电解质，其等电点为 pH 2 ~ 2.5，在常规的电泳缓冲液中（pH 约 8.5），核酸分子带负电荷，在电场中向正极移动。DNA 分子在琼脂糖凝胶中电泳时，有电荷效应和分子筛效应。前者与电泳时的电流强度、电泳缓冲液的 pH 值及离子强度有关；而后者主要与 DNA 分子大小及构型、嵌入染料的存在及凝胶浓度有关。用电泳法测定 DNA 分子大小时，应尽量减少电荷效应，增加凝胶浓度可使分子的迁移率主要由凝胶阻滞程度的差异所决定；同时适当降低电泳时的电压，也可使分子筛效应相对增强而提高分辨率。为了获得满意的 DNA 片段分离效果，每厘米凝胶长度所使用的电压一般不超过 5 V。

### 实验器材与试剂

1. 仪器　微波炉、稳压电泳仪、紫外检测（或透射）仪、水平式电泳槽、天平、离心机、锥形瓶、滴管、量筒、离心管、一次性手套、微量移液器。
2. 材料及试剂
（1）5×TBE 缓冲液　称取 Tris 碱 54 g、硼酸 27.5 g，加入 0.5 mol/L EDTA（pH 8.0）20 ml，加蒸馏水溶解，定容至 1 000 ml。
（2）其他试剂　样品 DNA、DNA 标准品（DNA Marker）、加样缓冲液（40% 蔗糖，0.25% 溴酚蓝）、溴化乙锭（10 mg/ml）、琼脂糖。

### 实验步骤

1.选择合适的水平式电泳槽,调节电泳槽平面至水平,检查稳压电源与正、负极的线路。

2.用胶纸将槽板两端封住,形成一个胶模,并将胶模放在工作台的水平位置上。选择孔径大小适宜的梳板,在距离胶模底板1mm处垂直放置梳板。

3.配制1%琼脂糖凝胶　准确称量1g琼脂糖,溶解于100ml 0.5×TBE电泳缓冲液中,将悬浮液放置微波炉加热至琼脂糖溶解,待溶液冷却至60℃后,加入溴化乙锭5μl至终浓度为0.5μg/ml。充分混匀后,将温热的琼脂糖溶液缓缓倒入胶模中,注意使其不产生气泡。

4.待凝胶完全凝固后,小心移去梳板和胶纸,将凝胶放入电泳槽中。

5.加入没过胶面约1mm的足量电泳缓冲液(0.5×TBE)。

6.取DNA Marker和待测DNA样品5μl,加入上样缓冲液1μl,混匀后小心加样,记录样品次序与点样量。

7.盖上电泳槽并通电,采用1~5V/cm的电压。电泳时间根据实验具体要求而定,一般电泳0.5~1h即可,电泳至所需时间,停止电泳。

8.取出凝胶,直接在紫外透射仪上观察并绘图记录。

### 注意事项

1.溴化乙锭是一种强诱变剂并有中度毒性,操作时必须戴手套,在弃置前应先净化处理。

2.悬浮液加热时间不可太长,以免液体蒸发而使凝胶浓度升高。

3.凝胶倒入胶模中时,注意不要产生气泡。

### 临床意义

琼脂糖凝胶电泳主要用于核酸类物质的分离和鉴定,也可用于检测DNA浓度、纯度及分子量。琼脂糖凝胶电泳分离血清蛋白在多发性骨髓瘤等疾病的诊断方面有着重要的应用。

### 思 考 题

1.琼脂糖凝胶电泳中DNA分子迁移率受哪些因素的影响?

2.如果样品电泳开始后很久都没有跑出点样孔,你认为有哪几方面的原因?

# 第二节　质粒DNA酶切、连接、转化及重组体筛选

### 实验目的

1.掌握限制性内切酶的特性及限制性内切酶酶切重组质粒的原理。

2.熟悉感受态细胞的制备方法及热击法转化的方法。

3.了解 α- 互补筛选法的原理。

## 实验原理

重组质粒的构建需要对 DNA 分子进行切割，并连接到合适的载体上进行体外重组。限制性核酸内切酶和 DNA 连接酶的发现与应用，为重组质粒的构建提供了有力的工具。DNA 连接酶催化两个双链 DNA 片段相邻的 5'- 磷酸和 3'- 羟基间形成磷酸二酯键。在分子克隆中最常用的 DNA 连接酶是来自 T4 噬菌体的 DNA 连接酶——T4 DNA 连接酶，其在分子克隆中主要用于连接具有同源互补黏性末端的 DNA 片段、连接双链 DNA 分子间的平端及在双链平端的 DNA 分子上添加合成的人工接头或适配子。

受体细胞（receptor cell）又称宿主细胞或寄主细胞（host cell），是指能摄取外源 DNA 并使其稳定维持的细胞。一般情况下，被用作受体菌的原核生物有大肠埃希菌、枯草芽孢杆菌等，其中大肠埃希菌是迄今为止研究得最为详尽、应用最为广泛的原核生物种类之一，也是基因工程研究和应用中发展最为完善和成熟的载体受体系统。本实验就是以大肠埃希菌为受体进行基因转移。

重组质粒 DNA 分子通过与膜蛋白结合进入受体细胞，并在受体细胞内稳定维持和表达的过程称之为转化（transformation）。细菌转化的本质是受体菌直接吸收来自供体菌的游离 DNA 片段，即转化因子，并在细胞中通过遗传交换将其组合到自身的基因组中，从而获得供体菌的相应遗传性状的过程。在大肠埃希菌的重组质粒 DNA 分子的转化实验中，通常采用人工诱导细菌细胞进入感受态，以便外源 DNA 进入细菌内，然后对转化子进行筛选和鉴定，将被转化细胞从大量受体菌细胞中初步筛选出来，然后进一步检测到含有目的重组 DNA 分子的克隆子。

在本实验中采用麦康凯培养基筛选重组子。质粒 PUC19 进入大肠埃希菌 DH5α 后，通过 α-互补作用，形成完整的 β-半乳糖苷酶。在麦康凯培养基的平板上，转化子利用 β-半乳糖苷酶分解培养基中的乳糖产生有机酸，pH 降低，培养基中的指示剂变红，转化子的菌落变成红色。而含有外源基因片段的 PUC 质粒进入受体细胞后，不能形成互补的 β-半乳糖苷酶而出现白色菌落，根据菌落颜色即可筛选重组子。

## 实验器材与试剂

1.仪器　恒温振荡培养箱、高速离心机、漩涡振荡器、水浴锅、酒精灯、微波炉、电子天平、分析天平、电泳仪、制胶槽、电泳槽、梳子、锥形瓶、量筒、冰盒、Tip 头、离心管、塑料薄膜、微量移液器。

2.材料及试剂

（1）洗脱缓冲液（Elution Buffer）　10 mmol/L Tris-HCl pH 8.5。

（2）5× 加样缓冲液（Loading Buffer）　取 1 mol/L Tris-HCl 1.25 ml、SDS 0.5 g、溴酚蓝（BPB）25 mg、甘油 2.5 ml，置于 10 ml 塑料离心管中，加入去离子水溶解后定容至 5 ml。小份（500 μl/ 份）分装后，置于室温保存。使用前将 25 μl 的 2-ME 加到每小份中，加入 2-ME 的加样缓冲液可在室温下保存 1 个月左右。

（3）其他试剂 50 μg/L 氨苄西林（Amp）、10×TAE 电泳缓冲液、琼脂糖、50×TAE 缓冲液、溴化乙锭（EB）、DNA 标准品（DNA Marker）、限制性核酸内切酶 Hind Ⅲ、质粒 PUC19、LB 培养基、麦康凯培养基、质粒提取试剂盒（包括溶液Ⅰ、Ⅱ、Ⅲ）。

## 实验步骤

1. 酶切

PUC19 的质粒 DNA 酶切体系：8.7 μl ddH₂O、4 μl PUC19 质粒 DNA、1.5 μl 10× 缓冲液、0.8 μl Hind Ⅲ。按上述顺序将酶切体系加好，混匀后置 37℃水浴锅内酶切 2h。

2. 制备感受态细胞（无菌条件）

将事先已经培养好的吸光度值为 0.5 左右的大肠埃希菌悬液置于冰上，备用。取出 3 个 EP 管，在酒精灯上将菌悬液加到 3 个管中，每管 1.5 ml，然后 5000 r/min 离心 5 min。离心后将上清液倒掉（在酒精灯下），再在每管中加入 1.5 ml 菌悬液，离心，倒掉上清液。加入 800 μl CaCl₂ 溶液，混匀，冰浴 5 min 后，5000 r/min 离心 5 min，倒掉上清液。再加入 100 μl CaCl₂ 溶液，混匀即可。之后放置在 4℃冰箱或冰盒中备用。

3. 麦康凯培养（无菌条件）

将已经灭菌的液体麦康凯培养基放置在室温下，当培养基的温度与手背的温度差不多时，加入 1 μl Amp（先预热，再将 Amp 注入培养基中）。倒平板，大约每个平板 20 ml。

4. 连接

连接体系为 ddH₂O 9 μl、酶切 PUC19 DNA 3 μl、酶切 λ 噬菌体 DNA 5 μl、10× 缓冲液 2 μl、T4 连接酶 1 μl。按照上述顺序依次加入，混匀，置于 16℃水浴锅中连接过夜。

5. 转化

在 3 管感受态细胞中分别加入 5 μl 连接液、0.5 μl PUC19 质粒，混合均匀后，42℃热击 90 s（时间要准确计时）。然后置于冰上，再在每管中加入 600 μl 新鲜的 LB 培养基，摇床震荡培养 1h。

6. 按照表 17-1 中的要求涂平板（无菌条件），并在平板上做好标记，之后置于 37℃培养。

表 17-1 涂布验证表

| 类型 | 含量 | | | |
| --- | --- | --- | --- | --- |
| | 20 μl | 50 μl | 100 μl | 200 μl |
| 含有连接液（Amp） | | | | |
| 含 PUC 19 质粒（Amp） | | | | |
| 空白（Amp） | | | | |
| 不含 Amp 的平板 | | | | |

"＋"表示红色菌落的多少；"－"表示没有红色菌落

7. 涂布观察

观察平板上菌落的生长情况，记录在表 17-1 中。其中不含 Amp 的平板上培养基变黄，在含有 Amp 的平板中涂有连接液的平板中可以看到白色的菌落，这就是所需连接上的重组子形成的菌落。挑选红色菌落中单独的白色菌落进行划线培养，用牙签轻轻挑取白色菌，在含有 Amp 的麦康凯培养基上划线，尽量将平板合理利用，不要将培养基划破，做好标记，继续培养。

8. 验证

用接种环挑取平板上单独的大的白色菌落放入液体培养基中（菌落的选择一定要适当，这对于后面的验证很重要）。挑取两管菌液，做好标记，37℃振荡培养过夜。用试剂盒提取质粒，在 2 个 EP 管中各加 1.5 ml 菌液，10 000 r/min 离心 1 min，弃去上清液，再各加 1.5 ml 菌液离心（两管菌液不要混用，可以看做两种质粒）。吸取上清液后，加入 250 μl 溶液 I，充分振荡混匀，使细胞悬浮，然后加入 25 μl 溶液 II，翻转倒置数次，直到获得透明的裂解液。加入 350 μl 溶液 III，立即翻转倒置数次，至有絮状沉淀生成。然后 10 000 r/min 离心 10 min，吸取上清液于离心柱中，再用 10 000 r/min 离心 1 min，弃去收集管中的液体。在离心柱中加 500 μl HB 缓冲液，10 000 r/min 离心 1 min，弃收集管中的收集液。在离心柱中加入 700 μl 洗脱缓冲液，10 000 r/min 离心 1 min，弃收集管中的收集液。空离心柱再用 13 000 r/min 离心 2 min，将离心柱取出置于 1.5 ml EP 管中，加入 40 μl 洗脱缓冲液，将液体加在离心柱的孔中，静置 2 min 后，13 000 r/min 离心 1 min。取出离心柱，将 EP 管中的质粒 DNA 放好，做好标记。重组质粒 DNA 的酶切，重组质粒 DNA 的酶切体系为 4.5 μl ddH$_2$O，4 μl 重组质粒 DNA，1.0 μl 缓冲液，0.5 μl Hind III。按照上述顺序，依次加入，混合均匀后置于 37℃的水浴锅内 1 h。

9. 电泳

在所得的酶切液中加入 3 μl 5× 加样缓冲液，混合均匀后点在胶孔中，点上相应的 Hind III 的 Marker。用 EB 染色 10 min 左右，然后在紫外灯下观察实验现象，分析条带。

## 注意事项

1. 限制性核酸内切酶的酶切反应属于微量操作技术，无论是 DNA 样品还是酶的用量都很少，必须严格注意取样量的准确性并确保样品和酶全部加入反应体系。

2. 注意酶切加样的次序，一般先加重蒸水，再加缓冲液和 DNA，最后加酶。前几步要把样品加到管底的侧壁上，加完后用力将其甩到管底。而酶液则要在加入前从 −20℃冰箱取出，然后放置在冰上，取酶液时 Tip 头应从表面吸取，防止由于插入过深而使 Tip 头外壁沾染过多的酶液，取出的酶液应立即加入反应混合液的液面以下，并充分混匀。酶液使用完毕后，应立即放回冰箱，防止酶失活。

3. 注意盖紧离心管的盖子，防止水浴加热过程中水汽进入管内，并注意做好标记以防样品混淆。

4. 为了提高连接效率，一般采取提高 DNA 浓度，增加重组子比例等方式。这样会出现 DNA 自身连接问题，为此通常选择对质粒载体用碱性磷酸酶处理，除去其 5' 末端的磷酸基，防止环化，通过连接反应后的缺口可在转化细胞后得以修复。

5. 不要将含有 DNA 的凝胶长时间暴露在紫外灯下，以减少紫外线对 DNA 造成的损伤。回收 DNA 时，尽可能采用长波长的紫外灯（300～360 nm）。切胶时，紫外照射时间应尽量短，以免对 DNA 造成损伤。

6. 涂布时先将涂布棒蘸取酒精，再在酒精灯火焰上烧三遍，烧时酒精会引燃，注意安全。

7. 涂布时，一定要等培养基凝固完全后再涂。为了节省涂布时间，可以先涂第一组不含

Amp 的，再涂含有 Amp 的，然后是第二组，这四块平板可以一起涂。第三组的也可以一起涂，但是要注意从低浓度到高浓度涂布。

8. 酶切、连接及转化等涉及微生物部分的实验要注意无菌操作，涉及分子实验的部分虽然不用无菌，但要注意不要有杂质污染。

## 临床意义

基因治疗已成为 21 世纪一些重大疾病的有效治疗策略，目前携带治疗基因的重组质粒已作为基因药物进入临床研究。对用于基因治疗的生物制品的生产与质量控制都有相当严格的要求。已建立的大规模符合药学规格的质粒 DNA 生产工艺，能满足临床需求，但在这些生产工艺中还存在一些难以克服的瓶颈，如载体构建、细胞裂解、细菌染色体 DNA 去除、细菌内毒素去除及生产过程中质量控制等。

## 思考题

1. 质粒 DNA 酶切及连接的原理是什么？
2. 什么叫转化？

# 第三节　蛋白质双向电泳

## 实验目的

1. 掌握蛋白质双向电泳的基本原理。
2. 熟悉蛋白质双向电泳的操作技术。
3. 了解双向电泳技术在蛋白质组学研究中的应用。

## 实验原理

蛋白质双向电泳的第一向为等电点聚焦电泳（参考第二篇 第八章 第二节 等电点聚焦电泳），根据蛋白质的等电点不同进行分离；第二向为 SDS- 聚丙烯酰胺凝胶电泳（SDS-PAGE）（参考第二篇 第八章 第一节 SDS-PAGE），按蛋白质分子量大小不同进行分离。蛋白质双向电泳结合了两种电泳技术的优点，使各种蛋白质能根据其所带电荷量和分子大小不同而被分离，具有极高的分辨率和灵敏度，已成为蛋白质特别是复杂体系中的蛋白质检测和分析的一种强有力的生化检测手段。

## 实验器材与试剂

1. 仪器　学生实验仪器一套、研钵、石英砂、量筒、双向电泳槽一套（包括圆盘电泳槽和垂直板状电泳槽）、电泳仪。

2. 材料及试剂

（1）Bradford 工作液　95% 乙醇 25 ml，85% 磷酸 52 ml，考马斯亮蓝 G-250 0.035 g。先用乙醇溶解考马斯亮蓝 G-250，溶解完后再加入磷酸，最后超纯水定容至 500 ml。过滤后置于棕色瓶外加油皮纸保存。

（2）裂解液　具体配制体积视实验需求而定，配制完成后各组分终浓度如下：尿素 8 mol/L、硫脲 2 mol/L、CHAPS 4%、DTT 60 mmol/L、Tris-base 40 mmol/L。

（3）水化液储液　具体配制体积视实验需求而定，配制完成后各组分终浓度如下：尿素 8 mol/L、硫脲 2 mol/L、CHAPS 4%、Tris-base 40 mmol/L。

（4）分离胶缓冲液（pH 8.8）　取 1 g SDS 及 45.4275 g Tris-HCl，定容至 250 ml。

（5）浓缩胶缓冲液（pH 6.8）　取 0.4 g SDS 及 6.07 g Tris-HCl，定容至 100 ml。

（6）凝胶储存液（30% 丙烯酰胺）　取 73 g Acr 及 2 g Bis，定容至 250 ml。

（7）电极缓冲液（跑一次电泳要配制 2500 ml）　取 43.2 g 甘氨酸、9 g Tris 及 3 g SDS，加超纯水定容至 3000 ml 或取 36 g 甘氨酸、7.5 g Tris 及 2.5 g SDS，加超纯水定容至 2500 ml。

（8）0.5 mol/L Tris-HCl pH 6.8 储液　1 g Tris 先用 30 ml 超纯水溶解，再用 46 ml 3 mol/L HCl 调 pH 至 6.8，再加超纯水定容至 100 ml。

（9）平衡液储液　取脲（即尿素）36 g、甘油 30 ml、SDS 1 g 及 0.5 mol/L Tris-HCl（pH 6.8）10 ml，加超纯水定容至 100 ml。

（10）平衡液 A（一根胶条）　DTT 20 mg，平衡液储液 10 ml。

（11）平衡液 B（一根胶条）　碘乙酰氨 300 mg，平衡液储液 10 ml，0.05% 溴酚蓝 15 μl（平衡液 A、B 均需临时配制）。

（12）0.5% 琼脂糖 10 ml　琼脂糖 0.05 g，电极缓冲液 10 ml，溴酚蓝 25 μl。

### 实验步骤

1. 样品的溶解

取纯化后的蛋白样品 3.0 mg，加入 300 μl 裂解液（1 mg 蛋白：100 μl 裂解液）。振荡器上振荡，每隔 10 min 一次，每次 10 min，共 3 次。然后 13 200 r/min 离心 15 min 除去杂质，取上清液分装，每管 70 μl，-80℃保存。

2. Bradford 法测蛋白含量

取 0.001 g BSA（牛血清白蛋白），用 1 ml 超纯水溶解，测定 BSA 标准曲线及样品蛋白含量。取 7 个 10 ml 离心管，首先在 5 个离心管中按次序加入 0 μl、5 μl、10 μl、15 μl、20 μl 的 BSA 溶解液，另外 2 个离心管中分别加入 2 μl 的待测样品溶液，再在每管中加入相应体积的双蒸水（总体积为 80 μl）。然后在各管中分别加入 4 ml Bradford 液（原来配制的 Bradford 液使用前需再取需要的剂量过滤一遍方能使用），摇匀，静置 2 min。在波长 595 nm 下，按由低到高的浓度顺序测定各浓度 BSA 的吸光度值，再测样品溶液吸光度值（测量过程要在 1 h 内完成）。

3. 双向电泳第一向——IEF

（1）水化液的制备　称取 2 mg DTT，用 700 μl 水化液储液溶解后，加入 8 μl 0.05% 超纯水的溴酚蓝及 3.5 μl（0.5% V/ V）IPG 缓冲液（pH 3~10），振荡混匀后，13200 r/min 离心 15 min，除去杂质，取上清液。在含 300 μg 蛋白（经验值）的样品溶解液中加入水化液至终体积为 340 μl，振荡器上振荡混匀，13 200 r/min 离心 15 min，除去杂质，取上清液。

（2）点样及上胶  分两次吸取样品，每次 170 μl，按从正极到负极的顺序加入点样槽两侧，再用镊子拨开水化的干胶条（immobiline drystrip gels）（18 cm，pH 3～10），从正极到负极将胶条压入槽中，胶面接触加入的样品。注意：胶条使用前，要在室温中平衡 30 min；加样时，正极要多加样，以防气泡的产生；压胶时不能产生气泡；酸性端对应正极，碱性端对应负极；样品加好后，加同样多的覆盖油（Bio-Rad），两个上样槽必须与底线齐平。

（3）IPG 聚焦系统跑胶程序的设定（跑胶温度为 20 ℃）

S1（30 V，12 h，360 vhs，step）

S2（500 V，1 h，500 vhs，step）

S3（1 000 V，1 h，1 000 vhs，step）

S4（8 000 V，0.5 h，2 250 vhs，Grad）

S5（8 000 V，5 h，40 000 vhs，step）

共计 44 110 vhs，19.5 h。其中 S1 用于泡胀水化胶条，S2 和 S3 用于去小离子，S4 和 S5 用于聚焦。

（4）平衡  用镊子夹出胶条，用超纯水冲洗后，在滤纸上吸干（胶面，即接触样品的一面不能接触滤纸，如果为 18 cm 的胶条要将两头剪去），再以超纯水冲洗，滤纸吸干（再次冲洗过程也可省略）。然后用镊子夹住胶条以正极端（即酸性端）向下，负极端（即碱性端）向上，放入用来平衡的试管中（镊子所夹的是碱性端，酸性端留有溴酚蓝作为标记），用平衡液 A、平衡液 B 先后平衡 15 min（注意平衡时要注意保持胶面始终向上，不能接触平衡管壁）。平衡第二次时，在沸水中煮 Marker 3 min。剪两个同样大小的小纸片，长度与一向胶条的宽度等同，然后吸取煮好的 Marker，转入 SDS-PAGE 胶面上，保持紧密贴合。同样在第二次平衡时，煮 5% 琼脂糖 10 ml。

4. 双向电泳第二向——SDS-PAGE

（1）配胶（两根胶条所用剂量）

分离胶（T=8%，80 ml）：溶液于真空机中抽气后再加 APS 和 TEMED。其中 30% 丙烯酰胺储液 21.28 ml，分离胶缓冲液 20 ml，10% APS 220 μl，TEMED 44 μl 及 ddH$_2$O 38.72 ml。

浓缩胶（T=4.8%，10 ml）：其中 30% 丙烯酰胺储液 1.6 ml，浓缩胶缓冲液 2.5 ml，10% APS 30 μl，TEMED 5 μl 及 ddH$_2$O 5.9 ml。

（2）灌胶  将玻璃板洗净后，室温晾干，然后将电泳槽平衡好，玻璃板夹好，再在玻璃板底部涂擦凡士林以防漏胶，倒入正丁醇压胶。凝胶后（这时会出现三条线），用注射器吸去正丁醇，用超纯水洗 2 次，再用滤纸除水后，倒入浓缩胶，正丁醇压胶。凝胶后，用注射器吸去正丁醇，用超纯水洗 2 次，再加入超纯水，用保鲜膜封好。

（3）转移  剪两个小的滤纸片，吸取 Marker 后，放入 SDS-PAGE 胶面的一端。然后将平衡好的 IPG 胶条贴靠在玻璃板上，加少量的 5% 琼脂糖溶液在胶面上（琼脂糖凝胶在转移前十几分钟配好，水浴加热溶解，并保持烧杯中水处于沸腾状态，用之前再拿出来），再将 IPG 胶条缓缓加入 SDS-PAGE 胶面，其中不断补加 5% 琼脂糖溶液，注意不能产生气泡。

（4）跑胶  浓缩胶 13 mA，分离胶 20 mA，共约 5.5 h。

5. 银染（两根胶条所用剂量）（银染特别注意用超纯水）

（1）固定 30 min  无水乙醇 200 ml＋乙酸 50 ml，用超纯水定容至 500 ml。

（2）敏化 30 min  无水乙醇 150 ml＋Na$_2$S$_2$O$_3$·5H$_2$O 1.5688 g＋无水乙酸钠 34 g，先用水溶

解 $Na_2S_2O_3 \cdot 5H_2O$ 和乙酸钠，再加乙醇，最后定容至 500 ml。

（3）洗涤 3 次，每次 5 min。

（4）银染 20 min　取 $AgNO_3$ 1.25 g，用超纯水定容至 500 ml。

（5）洗涤 2 次，每次 1 min。

（6）显影　取无水 $Na_2CO_3$ 12.5 g，用超纯水定容至 500 ml。37% 甲醛 0.1 ml，临时加。

（7）终止 10 min　EDTA-$Na_2 \cdot 2H_2O$ 7.3 g，用超纯水定容至 500 ml。

（8）洗涤 3 次，每次 5 min。

## 注意事项

1. 整个双向电泳实验中全部需要使用超纯水，尽量减少离子的影响。

2. 配制裂解液时，如果有条件可加入 0.5 mmol/L PMSF 和 5% IEF 交联剂（Pharmalate），以抑制蛋白酶活性。

3. Bradford 不稳定，1 周内有效。

4. 分离胶缓冲液、浓缩胶缓冲液、凝胶储存液的溶液需过滤后于 4℃ 储存备用。

## 临床意义

通过双向电泳技术分离正常组织细胞与肿瘤之间的差异蛋白质组分，在寻找肿瘤的特异标志物、揭示肿瘤的发病机制以及开发新的肿瘤治疗方式和治疗药物提供理论依据等方面具有重要应用价值。

## 思　考　题

1. 什么叫做蛋白质双向电泳？

2. 蛋白质双向电泳在医学上有哪些应用？

# 第四节　蛋白质印迹法

## 实验目的

1. 掌握蛋白质印迹法的基本原理。

2. 熟悉蛋白质印迹法的基本操作步骤。

3. 了解蛋白质印迹法的应用。

## 实验原理

蛋白质印迹法（Western blotting）是将蛋白质转移到膜上，然后利用抗体进行检测的方法。

对已知表达蛋白，可用相应抗体作为第一抗体（一抗）进行检测；对新基因的表达产物，可通过融合部分的抗体检测。蛋白质印迹技术与 DNA 印迹（Southern blotting）或 RNA 印迹（Northern blotting）技术类似，但其采用的是聚丙烯酰胺凝胶电泳，被检测物是蛋白质，"探针"是抗体，"显色"用标记的第二抗体（二抗）。经过 PAGE 分离的蛋白质样品，转移到固相载体（例如硝酸纤维素薄膜）上，固相载体以非共价键形式吸附蛋白质，且能保持电泳分离的多肽类型及其生物学活性不变。以固相载体上的蛋白质或多肽作为抗原，与对应的抗体起免疫反应，再与酶或放射性核素标记的二抗起反应，经过底物显色或放射自显影以检测电泳分离的特异性目的基因表达的蛋白成分。该技术也广泛应用于检测蛋白水平的表达。

## 实验器材与试剂

1. 仪器　电泳仪、电泳槽、离心机、硝酸纤维素薄膜、匀浆器、切纸刀、剪刀、微量移液器、刮棒、X 线片。

2. 材料及试剂　丙烯酰胺、SDS、Tris-HCl、β- 巯基乙醇、超纯水、甘氨酸、Tris、甲醇、PBS、NaCl、KCl、$Na_2HPO_4$、$KH_2PO_4$、考马斯亮蓝、脱脂奶粉、硫酸镍胺、$H_2O_2$、PMSF、DAB 试剂盒、显影液、定影液。

## 实验步骤

1. 试剂准备

（1）细胞裂解液　50 mmol/L Tris（pH 7.4），150 mmol/L NaCl，0.1% SDS，根据需要定量。

（2）单去污剂裂解液　1 mol/L Tris-HCl（pH 8.0）2.5 ml，NaCl 0.438 g，Triton X-100 0.5 ml，50 μl PMSF，加蒸馏水至 50 ml，混匀后 4℃保存。

（3）SDS-PAGE 试剂　见聚丙烯酰胺凝胶电泳实验。

（4）匀浆缓冲液　1.0 mol/L Tris-HCl（pH 6.8）1.0 ml、10%SDS 6.0 ml、β- 巯基乙醇 0.2 ml、超纯水 2.8 ml。

（5）转膜缓冲液　甘氨酸 2.9 g，Tris 5.8 g，SDS 0.37 g，甲醇 200 ml，加超纯水定容至 1000 ml。

（6）0.01 mol/L PBS（pH7.4）　NaCl 8.0 g，KCl 0.2 g，$Na_2HPO_4$ 1.44 g，$KH_2PO_4$ 0.24 g，加超纯水至 1000 ml。

（7）膜染色液　考马斯亮蓝 0.2 g，甲醇 80 ml，乙酸 2 ml，超纯水 118 ml。

（8）包被液（5% 脱脂奶粉，现配）　脱脂奶粉 1.0 g 溶于 20 ml 0.01 mol/L PBS 中。

（9）显色液　DAB 6.0 mg，0.01 mol/L PBS 10.0 ml，硫酸镍胺 0.1 ml，$H_2O_2$ 1.0 μl。

（10）Tris 盐缓冲液（TBS）　溶解 4.84 g Tris 碱和 58.4 g NaCl 于 1.5 L 水中，用 HCl 调节溶液 pH 至 7.5，最终使用去离水调整体积为 2L。

（11）TBST　向 1L TBS 溶液中加入 0.5 ml Tween-20。

2. 蛋白样品制备

（1）单层贴壁细胞总蛋白的提取　倒掉培养液，并将瓶倒扣在吸水纸上，使吸水纸吸干培养液（或将瓶直立放置片刻使残余培养液流到瓶底，然后再用微量移液器将其吸走）。每瓶细胞加 3 ml 4℃预冷的 PBS（0.01 mol/L pH 7.2 ~ 7.3），平放，轻轻摇动 1 min 洗涤细胞，然后弃去洗液。重复以上操作 2 次，共洗涤细胞 3 次以洗去培养液。将 PBS 弃净后把培养瓶置于冰上，按 1 ml 裂解液加 10 μl PMSF（100 mmol/L）比例加入这两种溶液，摇匀，置于冰上（PMSF 要摇匀至无结晶时才可与裂解液混合）。每瓶细胞加 400 μl 含 PMSF 的裂解液，于冰上裂解 30 min。为使细胞充分裂解，培养瓶要经常来回摇动。裂解完后，用干净的刮棒将细胞刮于培养瓶的一侧（动作要快），然后用微量移液器将细胞碎片和裂解液移至 1.5 ml 离心管中（整个操作尽量在冰上进行）。4℃，12 000 r/min 离心 5 min（提前开离心机预冷）。将离心后的上清液分装转移至 0.5 ml 离心管中，置 -20℃下保存。

（2）组织中总蛋白的提取 将少量组织块置于 1~2 ml 匀浆器中球状部位，用干净的剪刀将组织块尽量剪碎。加 400 μl 单去污剂裂解液（含 PMSF）于匀浆器中进行匀浆，然后置于冰上，几分钟后再碾压片刻，再置于冰上，需重复碾压几次使组织尽量碾碎。裂解 30 min 后，可用微量移液器将裂解液移至 1.5 ml 离心管中，然后在 4℃下 12 000 r/min 离心 5 min，取上清液分装于 0.5 ml 离心管中，并置 -20℃下保存。

（3）加药物处理的贴壁细胞总蛋白的提取 由于受药物的影响，一些细胞脱落下来，所以除按步骤（1）操作外，还应收集培养液中的细胞。培养液中细胞总蛋白的提取方法是将培养液倒至 15 ml 离心管中，2 500 r/min 离心 5 min，弃上清液，加入 4 ml PBS 并用移液枪轻轻吹打洗涤。然后 2 500 r/min 离心 5 min，弃上清液后用 PBS 重复洗涤一次。用微量移液器吸干上清液后，加入 100 μl 裂解液（含 PMSF），置冰上裂解 30 min，裂解过程中要经常弹一弹以使细胞充分裂解。将裂解液与培养瓶中的裂解液合并，于 4℃下，12 000 r/min 离心 5 min，取上清液分装于 0.5 ml 离心管中，并置 -20℃保存。

3. 蛋白质含量的测定

（1）制作标准曲线 从 -20℃取出 1 mg/ml BSA，室温熔化后备用。取 18 个 1.5 ml 离心管，3 个为一组，分别标记为 0 mg、2.5 mg、5.0 mg、10.0 mg、20.0 mg、40.0 mg，按表 17-2 在各管中加入相应的试剂。

表 17-2 蛋白质含量测定加样表

| | 离心管 | | | | | |
| --- | --- | --- | --- | --- | --- | --- |
| | 0 mg | 2.5 mg | 5.0 mg | 10.0 mg | 20.0 mg | 40.0 mg |
| 1 mg/ml BSA（ml） | – | 2.5 | 5.0 | 10.0 | 20.0 | 40.0 |
| 0.15 mol/L NaCl（ml） | 100 | 97.5 | 95.0 | 90.0 | 80.0 | 60.0 |
| 考马斯亮蓝 G-250 溶液（ml） | 1 | 1 | 1 | 1 | 1 | 1 |

将各离心管中加入的试剂混匀后，室温放置 2 min，再在分光光度计上进行比色分析。

（2）检测样品蛋白质含量 取 1.5 ml 离心管，每管加入 4℃储存的考马斯亮蓝溶液 1 ml，室温放置 30 min 后即可用于测定蛋白质含量。取 1 管考马斯亮蓝加 0.15 mol/L NaCl 溶液 100 ml，混匀，放置 2 min 后可做为空白样品。将空白样品倒入比色杯中，在做好标准曲线的程序下按 blank 测空白样品。弃空白样品，用无水乙醇清洗比色杯 2 次（每次用 0.5 ml），再用无菌水洗 1 次。取 1 管考马斯亮蓝 G-250 加 95 ml 0.15 mol/L NaCl 溶液和 5 ml 待测蛋白样品，混匀后静置 2 min，测吸光度值。

4. SDS-PAGE

（1）清洗玻璃板 一只手扣紧玻璃板，另一只手蘸少量洗衣粉轻轻擦洗。两面都擦洗过后用自来水冲洗，再用蒸馏水润洗干净后立在筐中晾干。

（2）灌胶与上样　玻璃板对齐后放入夹中卡紧，然后垂直卡在架子上准备灌胶（操作时要使两块玻璃板对齐，以免漏胶）。按相应方法配制 10% 分离胶（参考 SDS- 聚丙烯酰胺凝胶电泳），加入 TEMED 后立即摇匀即可灌胶。灌胶时可用 10 ml 微量加样器吸取 5 ml 胶沿玻璃板放出，待胶面升到绿带中间线高度时即可。然后胶上加一层水，液封后的胶凝固得更快（注意灌胶时开始速度可快一些，胶面快到所需高度时要放慢速度；操作时胶一定要沿玻璃板流下，这样胶中才不会有气泡；加水液封时速度要慢，否则胶会被冲变形）。当水和胶之间有一条折射线时，说明胶已凝固，再等 3 min 使胶充分凝固就可倒去胶上层水并用吸水纸将水吸干。按相应方法配制 4% 浓缩胶（参考 SDS- 聚丙烯酰胺凝胶电泳），加入 TEMED 后立即摇匀即可灌胶。将剩余空间灌满浓缩胶，然后将梳子插入浓缩胶中。灌胶时也要使胶沿玻璃板流下以免胶中有气泡产生。插梳子时要使梳子保持水平。由于胶凝固时体积会收缩减小，从而使加样孔的上样体积减小，所以在浓缩胶凝固的过程中要经常在两边补胶。待到浓缩胶凝固后，两手分别捏住梳子的两边竖直向上轻轻将其拔出。用水冲洗浓缩胶，将其放入电泳槽中（小玻璃板面向内，大玻璃板面向外，若只跑一块胶，槽另一边要垫一块塑料板且使有字的一面朝外）。测定蛋白质含量后，计算含 50 ng 蛋白质的溶液体积即为上样量。取出上样样品至 0.5 ml 离心管中，加入 5×SDS 上样缓冲液至终浓度为 1×（上样总体积一般不超过 15 μl，加样孔的最大限度可加 20 μl 样品），上样前要将样品于沸水中煮 5 min 使蛋白变性。加足够的电泳液后开始准备上样（电泳液至少要没过内侧的小玻璃板），用微量加样器贴壁吸取样品，将样品吸出，不要吸进气泡，再将微量加样器枪头插至加样孔中缓慢加入样品。

（3）电泳　电泳时间一般为 4~5 h，电压以 40 V 为宜，也可用 60 V。电泳至溴酚蓝刚跑出时即可终止电泳，进行转膜。

5. 转膜

转一张膜需准备 6 张 7.0~8.3 cm 的滤纸和 1 张 7.3~8.6 cm 的硝酸纤维素薄膜。切滤纸和膜时一定要戴手套，因为手上的蛋白会污染膜。将切好的硝酸纤维素薄膜置于水上浸泡 2 h 才可使用。用镊子夹住膜的一边轻轻置于有超纯水的培养皿里，要使膜浮于水上，只有下层才与水接触，通过毛细管作用使整个膜浸湿。若膜沉入水中，膜与水之间形成一层空气膜会阻止膜吸水。

在加有转移液的搪瓷盘里放入转膜用的夹子、两块海绵垫、一支玻璃棒、滤纸和浸过的膜。

将夹子打开，使黑的一面保持水平，在上面垫一张海绵垫，用玻璃棒来回擦几遍以擦走里面的气泡（一手擦，另一手要压住垫子使其不能随便移动）。在垫子上垫 3 层滤纸（可 3 张滤纸先叠在一起再垫于垫子上），一手固定滤纸，一手用玻棒擦去其中的气泡。

要先将玻璃板撬掉才可剥胶，撬时动作要轻，要在两个边上轻轻地反复撬。撬动片刻，玻璃板便开始松动，直到撬去玻璃板（撬时一定要小心，玻璃板易裂）。除去小玻璃板后，将浓缩胶轻轻刮去（浓缩胶影响操作），要避免把分离胶刮破。小心剥下分离胶盖于滤纸上，用手调整使其与滤纸对齐，轻轻用玻璃棒擦去气泡。将膜盖于胶上，要盖满整个胶（膜盖下后不可再移动）并去除气泡。在膜上盖 3 张滤纸并去除气泡，最后盖上另一个海绵垫，擦几下就可合起夹子。整个操作在转移液中进行，要不断地擦去气泡。膜两边的滤纸不能相互接触，接触后会发生短路（转移液含甲醇，操作时要戴手套，实验室要开门、窗，以使空气流通）。

将夹子放入转移槽中，要使夹的黑面对槽的黑面，夹的白面对槽的红面。电转移时会产热，在槽的一边放一块冰用以降温。一般用 60 V 转移 2 h 或 40 V 转移 3 h。

　　转膜完成后将膜用 1× 丽春红染液于脱色摇床上染色 5 min，然后用水冲洗去没染上的染液就可看到膜上的蛋白，将膜晾干备用。

　　6. 免疫反应

　　将膜用 TBS 从下向上浸湿后，移至含有封闭液的培养皿中，室温下脱色摇床上摇动封闭 1 h。将一抗用 TBST 稀释至适当浓度（在 1.5 ml 离心管中）。撕下适当大小的一块保鲜膜铺于实验台面上，四角用水浸湿以使保鲜膜保持平整，再将抗体溶液加到保鲜膜上。从封闭液中取出膜，用滤纸吸去残留液后将膜蛋白面朝下放于抗体液面上，掀动膜四角以赶出残留气泡。室温下孵育 1~2 h 后，用 TBST 在脱色摇床上洗 2 次，每次 10 min，再用 TBS 洗 1 次，10 min。

　　同上方法准备二抗稀释液并与膜接触，室温下孵育 1~2 h 后，用 TBST 在脱色摇床上洗 2 次，每次 10 min。再用 TBS 洗 1 次，10 min，然后进行化学发光反应。

　　7. 化学发光、显影及定影

　　将 A 和 B 两种试剂在保鲜膜上等体积混合。1 min 后，将膜蛋白面朝下与此混合液充分接触，1 min 后将膜移至另一保鲜膜上，去尽残液，包好，放入 X 线片夹中。

　　在暗室中，将 1× 显影液和定影液分别倒入塑料盘中。在红灯下取出 X 线片，用切纸刀剪裁适当大小（比膜的长和宽均需大 1 cm）。打开 X 线片夹，将 X 线片放在膜上，放上后不可移动，关上 X 线片夹并开始计时。根据信号强弱，适当调整曝光时间，一般为 1 min 或 5 min，也可选择不同时间多次压片，以达到最佳效果。曝光完成后，打开 X 线片夹，取出 X 线片，迅速浸入显影液中显影，待出现明显条带后，即可终止显影。显影时间一般为 1~2 min（20~25℃），温度过低时（低于 16℃）需适当延长显影时间。显影结束后，立即将 X 线片浸入定影液中，定影时间一般为 5~10 min，以胶片透明为止。再用自来水冲去残留的定影液，室温下晾干。

　　8. 凝胶图像分析

　　将胶片进行扫描或拍照，用凝胶图像处理系统分析目标区带的分子量和净光密度值。

## 注意事项

　　1. 检测样品蛋白质含量时，每测一个样品都要将比色杯用无水乙醇洗 2 次，无菌水洗 1 次。可同时混合好多个样品再一起检测，这样对测定大量的蛋白样品可节省很多时间。

　　2. 上样时，加样太快可使样品冲出加样孔，若有气泡也可能使样品溢出。加入下一个样品时，进样器需在外槽电泳缓冲液中洗涤 3 次，以免交叉污染。

　　3. 显影和定影需移动胶片时，尽量拿胶片一角，手指甲不要划伤胶片，否则会对结果产生影响。

　　4. 一抗及二抗的稀释度、作用时间和温度对不同的蛋白要经过预实验确定最佳条件。

　　5. 显色液必须新鲜配制使用，最后加入 $H_2O_2$。

　　6. DAB 有致癌的潜在可能，操作时要小心仔细。

## 临床意义

　　蛋白质印迹法是分子生物学技术常用的手段，用于基因诊断及治疗等方面，例如骨骼肌微量标本 Western blotting 是诊断肢带型肌营养不良症 2A 型（LGMD2A）的有效方法，适用于临床肢带型肌营养不良症（LGMD）的分型诊断。

## 思 考 题

1. 什么叫做 Western blotting ？
2. Western blotting 技术可以应用于哪些方面？

（罗玥佶　曾　杰）

第四篇

# 设计创新性实验

# 第十八章　设计创新性实验

## 第一节　重要蛋白质或酶的分离和纯化

### 实验目的

1.掌握蛋白质或酶分离和纯化的基本原理。
2.熟悉蛋白质或酶分离和纯化的常用方法。
3.培养学生自主查阅文献资料、设计实验的能力。
4.提高学生利用所学知识分析问题和解决问题的能力。

### 实验要求

1.成立评议小组和实验分组　从学生中选出 5 人和指导老师一起成立评议小组，每 4～5 人组成一个实验小组。
2.学生通过查阅文献资料，结合所学知识，总结蛋白质或酶的常用分离和纯化方法。
3.利用实验室现有的实验条件，根据自己的兴趣，选择合适的靶蛋白质。
4.学生自主设计实验方案，并列出经费预算和所需的实验设备、试剂清单，由指导老师进行可行性和创新性评价。
5.对可行的实验方案，由相应实验小组独立进行实验操作，记录实验数据及实验结果，总结内容并写出实验报告。

### 实验评定

由评议小组根据实验的创新性、完成情况及实验结果对各组进行综合评分，给出实验成绩。

### 思 考 题

1.总结蛋白质和酶的常用分离和纯化方法。
2.简述蛋白质或酶与医学的关系。

# 第二节　动物组织中核酸的提取、纯化及鉴定

## 实验目的

1.掌握核酸提取与纯化的基本原理。
2.熟悉核酸提取与纯化的常用方法。
3.培养学生自主查阅文献资料、设计实验的能力。
4.提高学生利用所学知识分析问题和解决问题的能力。

## 实验要求

1.成立评议小组和实验分组　从学生中选出5人和指导老师一起成立评议小组，每4~5人组成一个实验小组。

2.学生通过查阅文献资料，结合所学知识，总结核酸的提取、纯化及鉴定方法。

3.利用实验室现有的实验条件，结合所查资料，根据自己的兴趣，选择合适的动物组织作为提取材料。

4.学生自主设计实验方案，并列出经费预算和所需的实验设备、试剂清单，由指导老师进行可行性和创新性评价。

5.对于可行的实验方案，由相应实验小组独立进行实验操作，记录实验数据和实验结果，总结内容并写出实验报告。

## 实验评定

由评议小组根据实验的创新性、完成情况及实验结果对各组进行综合评分，给出实验成绩。

## 思 考 题

1.总结核糖核酸和脱氧核糖核酸的常用提取、纯化及鉴定方法。
2.简述核酸与医学的关系。

# 第三节　激素对血糖浓度的影响

## 实验目的

1.掌握激素对血糖含量影响的作用机制。

2. 熟悉血糖测定的方法。

3. 培养学生自主查阅文献资料、设计实验的能力。

4. 提高学生利用所学知识分析问题和解决问题的能力。

## 实验要求

1. 学生每 4～5 人作为一个实验小组，根据所学知识，分析体内激素对血糖浓度的影响并总结血糖含量的测定方法，根据兴趣选择 1～2 种激素（如胰岛素、肾上腺素、胰高血糖素、糖皮质激素等）进行相关的实验。

2. 通过查阅文献资料，对所选择的实验内容进行具体的实验设计，包括所用试剂和仪器、模型动物的处理、实验操作步骤、结果的获取及分析、所需经费预算等。

3. 由指导老师和学生组成评议小组，根据实验要求和实验室的具体条件，对各组所提交的实验方案的合理性及可行性等进行评价。

4. 对确实可行的实验设计，由教研室指定教师进行指导，各实验小组进行具体的实验准备工作，如配制试剂等，并进行具体的实验操作，记录实验数据及实验结果，总结内容并写出实验报告。

## 实验评定

由指导教师和评定小组对各实验小组的实验设计报告、实验结果及说明的问题进行评议，并对实验中所出现的问题进行分析和总结，给出综合成绩。

## 思 考 题

1. 体内升高血糖和降低血糖的激素分别有哪些？哪些疾病容易出现高血糖？

2. 以胰岛素为例，分析其对血糖浓度影响的具体作用机制。

# 第四节 聚合酶链反应单链构象多态性技术的应用

## 实验目的

1. 掌握聚合酶链反应单链构象多态性（PCR-SSCP）技术的原理。

2. 熟悉聚合酶链反应单链构象多态性（PCR-SSCP）的方法。

3. 寻找具有遗传性疾病的家系并了解候选基因筛选的过程。

4. 培养学生自主查阅文献资料、设计实验的能力。

### 实验要求

1. 成立评议小组和实验分组　从学生中选出 5 人和指导老师一起成立评议小组，每 4 ~ 5 人组成一个实验小组。

2. 学生寻找或指导老师提供具有遗传性疾病的家系血清样本或者具有遗传性倾向的恶性肿瘤血清样本。

3. 通过查阅文献资料，利用网络 Genebank 筛选遗传性疾病的候选基因。

4. 根据候选基因设计引物并对实验内容进行安排，列出经费预算和所需的实验设备、试剂清单，由指导老师和评议小组对实验方案进行可行性和创新性评价。

5. 对确实可行的实验设计，由指导教师进行指导，各实验小组进行具体的实验准备工作，进行具体的实验操作，记录实验数据及实验结果，总结内容并写出实验报告。

### 实验评定

由指导老师和评议小组根据实验的设计性、创新性、完成情况及实验结果和说明的问题对各实验小组进行评定，并对实验中所出现的问题进行分析和总结，给出综合成绩。

### 思 考 题

1. 聚合酶链反应单链构象多态性（PCR-SSCP）技术的原理是什么？
2. 引物设计的注意事项有哪些？
3. 请查阅并指出 PCR-SSCP 技术与 PCR-RFLP 技术的异同点。

（栗　敏　黄春霞）

# 第五节　肝、肾功能与血脂的检测

### 实验目的

1. 掌握肝、肾功能与血脂检测的项目。
2. 熟悉临床肝、肾功能与血脂检测的方法。
3. 培养学生自主查阅文献资料、设计实验的能力。
4. 提高学生利用所学知识分析问题和解决问题的能力。

### 实验要求

1. 成立评议小组和实验分组　从学生中选出 5 人和指导老师一起成立评议小组，每 4 ~ 5

人组成一个实验小组。

2. 学生通过查阅文献资料，结合所学知识，总结肝、肾功能与血脂检测的项目及临床检测的方法。

3. 利用实验室现有的实验条件，结合所查资料，根据自己的兴趣，选择合适的检测项目和检测方法进行检测。

4. 学生自主设计实验方案，并列出经费预算和所需的实验设备、试剂清单，由指导老师进行可行性和创新性评价。

5. 对于可行的实验方案，由相应实验小组独立进行实验操作，记录实验数据和实验结果，总结内容并写出实验报告。

## 实验评定

由评议小组根据实验的创新性、完成情况及实验结果对各组进行综合评分，给出实验成绩。

## 思 考 题

1. 肝的功能包括哪些？
2. 血脂检测的项目有哪些？ 各项目的正常范围是多少？ 有什么临床意义？
3. 怎样预防高尿酸血症？

（欧阳文英）

# 附　录

## 一、常用缓冲溶液的配制

### （一）缓冲溶液组成成分

凡具有缓冲作用的物质称为缓冲剂，多为弱酸及该弱酸与强碱所成的盐，或弱碱及该弱碱与强酸所成的盐组成。按不同的比例，配制成各种不同 pH 的缓冲溶液。

### （二）配制缓冲溶液的注意事项

1. 所有试剂最好用二级或一级试剂，并必须恒重后才能用于配制。
2. 凡下述各表中涉及的缓冲剂未列入恒重表者，可按下述规格与恒重方法进行。
（1）琥珀酸、甘氨酸、巴比妥及钠盐，放在氯化钙干燥器中至恒重。
（2）柠檬酸钠（含 $2H_2O$）及柠檬酸（含 $H_2O$）溶液，用一级或二级品直接配制。
（3）醋酸溶液，用一级或二级冰醋酸直接配制，最好能用氢氧化钠标准溶液标定。
（4）无水醋酸钠，在 100℃下干燥 3 h。
3. 所用器皿必须清洁，容量仪器最好经过校正，以保证准确。
4. 凡配制标准缓冲溶液，配制后最好经酸度计校正。

### （三）常用缓冲溶液配制表

以下各表所列 pH 值系在 18～20℃的 pH 值，温度过高，则 pH 值有一定的改变，但一般来说改变不大。

附表 –1 柠檬酸钠 – 盐酸（或 NaOH）缓冲液

| pH（18℃） | 0.1 mol/L 柠檬酸钠（ml） | 0.1 mol/L HCl（ml） | 0.1 mol/L NaOH（ml） |
|---|---|---|---|
| 1.04 | 0.0 | 10.0 | |
| 1.17 | 1.0 | 9.0 | |
| 1.42 | 2.0 | 8.0 | |
| 1.93 | 3.0 | 7.0 | |
| 2.27 | 3.33 | 6.67 | |
| 2.97 | 4.0 | 6.0 | |
| 3.36 | 4.5 | 5.5 | |
| 3.53 | 4.76 | 5.25 | |
| 3.69 | 5.0 | 5.0 | |
| 3.95 | 5.5 | 4.5 | |
| 4.16 | 6.0 | 4.0 | |
| 4.45 | 7.0 | 3.0 | |
| 4.65 | 8.0 | 2.0 | |
| 4.83 | 9.0 | 1.0 | |
| 4.89 | 9.5 | 0.5 | |
| 4.96 | 10.0 | 0.0 | |
| 5.02 | 9.5 | | 0.5 |
| 5.11 | 9.0 | | 1.0 |
| 5.31 | 8.0 | | 2.0 |
| 5.57 | 7.0 | | 3.0 |
| 5.98 | 6.0 | | 4.0 |
| 6.34 | 5.5 | | 4.5 |
| 6.69 | 5.25 | | 4.75 |

附表 –2 盐酸 – 氯化钾缓冲液（蒸馏水加到 100 ml）

| pH | 0.1 mol/L HCl（ml） | 0.2 mol/L KCl（ml） |
|---|---|---|
| 1.1 | 94.56 | 2.70 |
| 1.2 | 75.10 | 12.45 |
| 1.3 | 59.68 | 20.15 |
| 1.4 | 47.40 | 26.30 |
| 1.5 | 37.64 | 31.20 |
| 1.6 | 29.90 | 35.00 |
| 1.7 | 23.76 | 38.10 |
| 1.8 | 18.68 | 40.60 |
| 1.9 | 14.98 | 42.50 |
| 2.0 | 11.90 | 44.05 |
| 2.1 | 9.46 | 45.30 |
| 2.2 | 7.52 | 46.25 |

附表 -3 醋酸 - 氢氧化钠缓冲液

| pH | 0.2 mol/L 醋酸（ml） | 0.2 mol/L NaOH（ml） | 蒸馏水（ml） |
|---|---|---|---|
| 4.6 | | 23.0 | |
| 4.8 | | 29.0 | |
| 5.0 | 50 | 34.5 | 加至 200 |
| 5.2 | | 38.5 | |
| 5.4 | | 42.5 | |
| 5.6 | | 45.0 | |

附表 -4 磷酸盐缓冲液

| pH（18℃） | 0.1 mol/L Na$_2$HPO$_4$（ml） | 0.1 mol/L KH$_2$PO$_4$（ml） |
|---|---|---|
| 5.29 | 0.25 | 9.75 |
| 5.59 | 0.5 | 9.5 |
| 5.91 | 1.0 | 9.0 |
| 6.24 | 2.0 | 8.0 |
| 6.47 | 3.0 | 7.0 |
| 6.64 | 4.0 | 6.0 |
| 6.81 | 5.0 | 5.0 |
| 6.98 | 6.0 | 4.0 |
| 7.17 | 7.0 | 3.0 |
| 7.38 | 8.0 | 2.0 |
| 7.73 | 9.0 | 1.0 |
| 8.04 | 9.5 | 0.5 |

附表 –5　磷酸盐缓冲液

| pH | 1/15 mol/L Na$_2$HPO$_4$（ml） | 1/15 mol/L KH$_2$PO$_4$（ml） |
|---|---|---|
| 5.8 | 8.0 | 92.0 |
| 5.9 | 9.9 | 90.1 |
| 6.0 | 12.2 | 87.8 |
| 6.1 | 15.3 | 84.7 |
| 6.2 | 18.6 | 81.4 |
| 6.3 | 22.4 | 77.6 |
| 6.4 | 26.7 | 73.3 |
| 6.5 | 31.8 | 68.2 |
| 6.6 | 37.5 | 62.5 |
| 6.7 | 43.5 | 56.5 |
| 6.8 | 49.6 | 50.4 |
| 6.9 | 55.4 | 44.6 |
| 7.0 | 61.1 | 38.9 |
| 7.1 | 66.6 | 33.4 |
| 7.2 | 72.0 | 28.0 |
| 7.3 | 76.8 | 23.2 |
| 7.4 | 80.8 | 19.2 |
| 7.5 | 84.1 | 15.9 |
| 7.6 | 87.0 | 13.0 |
| 7.7 | 89.4 | 10.6 |
| 7.8 | 91.5 | 8.5 |
| 7.9 | 93.2 | 6.8 |
| 8.0 | 94.7 | 5.3 |
| 8.1 | 95.8 | 4.2 |
| 8.2 | 97.0 | 3.0 |

附表 –6　磷酸盐缓冲液

| pH | 0.2 mol/L Na$_2$HPO$_4$（ml） | 0.2 mol/L NaH$_2$PO$_4$（ml） |
|---|---|---|
| 5.8 | 8.0 | 92.0 |
| 6.0 | 12.3 | 87.7 |
| 6.2 | 18.5 | 81.5 |
| 6.4 | 26.5 | 73.5 |
| 6.6 | 37.5 | 62.5 |
| 6.8 | 49.0 | 51.0 |
| 7.0 | 61.0 | 39.0 |
| 7.2 | 72.0 | 28.0 |
| 7.4 | 81.0 | 19.0 |
| 7.6 | 87.0 | 13.0 |
| 7.8 | 91.5 | 8.5 |
| 8.0 | 94.7 | 5.3 |

附表 -7　甘氨酸缓冲液

| pH | 0.1 mol/L NaOH（ml） | 0.1 mol/L HCl（ml） | 0.1 mol/L 甘氨酸氯化钠（ml） |
|---|---|---|---|
| 1.04 | – | 10.00 | – |
| 1.15 | – | 9.00 | 1.00 |
| 1.25 | – | 8.00 | 2.00 |
| 1.50 | – | 7.00 | 3.00 |
| 1.64 | – | 6.00 | 4.00 |
| 1.93 | – | 5.00 | 5.00 |
| 2.28 | – | 4.00 | 6.00 |
| 2.61 | – | 3.00 | 7.00 |
| 2.92 | – | 2.00 | 8.00 |
| 3.34 | – | 1.00 | 9.00 |
| 3.68 | – | 0.50 | 9.50 |
| 3.99 | – | 0.25 | 9.75 |
| 4.44 | – | 0.10 | 9.90 |
| 6.11 | – | – | 10.00 |
| 7.81 | 0.10 | – | 9.90 |
| 8.24 | 0.25 | – | 9.75 |
| 8.57 | 0.50 | – | 9.50 |
| 8.93 | 1.00 | – | 9.00 |
| 9.36 | 2.00 | – | 8.00 |
| 9.71 | 3.00 | – | 7.00 |
| 10.14 | 4.00 | – | 6.00 |
| 10.48 | 4.50 | – | 5.50 |
| 11.07 | 4.90 | – | 5.10 |
| 11.30 | 5.00 | – | 5.00 |
| 11.56 | 5.10 | – | 4.90 |
| 12.09 | 5.50 | – | 4.50 |
| 12.40 | 6.00 | – | 4.00 |
| 12.67 | 7.00 | – | 3.00 |
| 12.86 | 8.00 | – | 2.00 |
| 12.97 | 9.00 | – | 1.00 |

附表 –8 邻苯二甲酸氢钾缓冲液

| pH | 0.1 mol/L HCl（ml） | 0.1 mol/L 邻苯二甲酸氢钾 | 蒸馏水 |
|---|---|---|---|
| 2.2 | 46.70 | | |
| 2.4 | 39.60 | | |
| 2.6 | 32.95 | | |
| 2.8 | 26.42 | | |
| 3.0 | 20.32 | 均加入 50.00 ml | 均加至 100 ml |
| 3.2 | 14.70 | | |
| 3.4 | 9.90 | | |
| 3.6 | 5.97 | | |
| 3.8 | 2.63 | | |

附表 –9 邻苯二甲酸氢钾缓冲液

| pH | 0.1 mol/L NaOH（ml） | 0.1 mol/L 邻苯二甲酸氢钾 | 蒸馏水 |
|---|---|---|---|
| 4.0 | 0.40 | | |
| 4.2 | 3.70 | | |
| 4.4 | 7.50 | | |
| 4.6 | 12.15 | | |
| 4.8 | 17.70 | | |
| 5.0 | 23.85 | | |
| 5.2 | 29.95 | 均加入 50.00 ml | 均加至 100 ml |
| 5.4 | 35.45 | | |
| 5.6 | 39.85 | | |
| 5.8 | 43.00 | | |
| 6.0 | 45.45 | | |
| 6.2 | 47.00 | | |

附表 –10 硼酸 – 氢氧化钠缓冲液

| pH | 0.2 mol/L NaOH（ml） | 0.2 mol/L 硼酸 | 蒸馏水 |
|---|---|---|---|
| 7.8 | 2.61 | | |
| 8.0 | 3.97 | | |
| 8.2 | 5.90 | | |
| 8.4 | 8.50 | | |
| 8.6 | 12.00 | | |
| 8.8 | 16.30 | | |
| 9.0 | 21.30 | 均加入 50.00 ml | 均加至 200 ml |
| 9.2 | 26.70 | | |
| 9.4 | 32.00 | | |
| 9.6 | 36.85 | | |
| 9.8 | 40.80 | | |
| 10.0 | 43.90 | | |

附表 –11　硼酸 – 盐酸缓冲液

| pH | 0.05 mol/L 硼砂（ml） | 0.1 mol/L HCl（ml） |
|---|---|---|
| 7.62 | 5.25 | 4.75 |
| 7.94 | 5.50 | 4.50 |
| 8.14 | 5.75 | 4.25 |
| 8.29 | 6.00 | 4.00 |
| 8.51 | 6.50 | 3.50 |
| 8.68 | 7.00 | 3.00 |
| 8.80 | 7.50 | 2.50 |
| 8.91 | 8.00 | 2.00 |
| 9.01 | 8.50 | 1.50 |
| 9.09 | 9.00 | 1.00 |
| 9.17 | 9.50 | 0.50 |
| 9.24 | 10.00 | |

附表 –12　硼砂 – 氢氧化钠缓冲液

| pH | 0.05 mol/L 硼砂（ml） | 0.1 mol/L HCl（ml） |
|---|---|---|
| 9.3 | 10 | 0.0 |
| 9.4 | 9 | 1.0 |
| 9.6 | 8 | 2.0 |
| 9.8 | 7 | 3.0 |
| 10.1 | 6 | 4.0 |

附表 –13　硼砂 – 硼酸缓冲液

| pH | 0.05 mol/L 硼砂（ml） | 0.2 mol/L 硼酸（ml） |
|---|---|---|
| 6.60 | 0.20 | 9.80 |
| 6.77 | 0.30 | 9.70 |
| 7.00 | 0.60 | 9.40 |
| 7.36 | 1.00 | 9.00 |
| 7.60 | 1.50 | 8.50 |
| 7.78 | 2.00 | 8.00 |
| 7.94 | 2.50 | 7.50 |
| 8.08 | 3.00 | 7.00 |
| 8.20 | 3.50 | 6.50 |
| 8.41 | 4.50 | 5.50 |
| 8.60 | 5.50 | 4.50 |
| 8.69 | 6.00 | 4.00 |
| 8.84 | 7.00 | 3.00 |
| 8.98 | 8.00 | 2.00 |
| 9.11 | 9.00 | 1.00 |
| 9.24 | 10.00 | 0.00 |

附表 –14 巴比妥钠 – 盐酸缓冲液

| pH | 0.1 mol/L 巴比妥钠（ml） | 0.1 mol/L HCl（ml） |
|---|---|---|
| 6.8 | 5.22 | 4.78 |
| 7.0 | 5.36 | 4.64 |
| 7.2 | 5.54 | 4.46 |
| 7.4 | 5.81 | 4.19 |
| 7.6 | 6.15 | 3.85 |
| 7.8 | 6.62 | 3.38 |
| 8.0 | 7.16 | 2.84 |
| 8.2 | 7.69 | 2.31 |
| 8.4 | 8.23 | 1.77 |
| 8.6 | 8.71 | 1.29 |
| 8.8 | 9.08 | 0.92 |
| 9.0 | 9.36 | 0.64 |
| 9.2 | 9.52 | 0.48 |
| 9.4 | 9.74 | 0.26 |
| 9.6 | 9.85 | 0.15 |

附表 –15 磷酸二氢钾 – 硼砂缓冲液

| pH | 0.1 mol/L $KH_2PO_4$（ml） | 0.2 mol/L 硼砂（ml） |
|---|---|---|
| 5.8 | 9.21 | 0.79 |
| 6.0 | 8.77 | 1.23 |
| 6.2 | 8.30 | 1.70 |
| 6.4 | 7.78 | 2.22 |
| 6.6 | 7.22 | 2.78 |
| 6.8 | 6.67 | 3.33 |
| 7.0 | 6.23 | 3.77 |
| 7.2 | 5.81 | 4.19 |
| 7.4 | 5.50 | 4.50 |
| 7.6 | 5.17 | 4.83 |
| 7.8 | 4.92 | 5.08 |
| 8.0 | 4.65 | 5.35 |
| 8.2 | 4.30 | 5.70 |
| 8.4 | 3.87 | 6.13 |
| 8.6 | 3.40 | 6.60 |
| 8.8 | 2.76 | 7.24 |
| 9.0 | 1.75 | 8.25 |
| 9.2 | 0.50 | 9.50 |

附表 –16  磷酸二氢钾 – 氢氧化钠缓冲液

| pH | 0.1 mol/L NaOH（ml） | 1/5 mol/L KH$_2$PO$_4$ |
|---|---|---|
| 5.8 | 3.66 | |
| 6.0 | 5.64 | |
| 6.2 | 8.55 | |
| 6.4 | 12.60 | |
| 6.6 | 17.74 | |
| 6.8 | 23.60 | 均加入 25 ml |
| 7.0 | 29.54 | |
| 7.2 | 34.90 | |
| 7.4 | 39.34 | |
| 7.6 | 42.74 | |
| 7.8 | 45.17 | |
| 8.0 | 46.85 | |

附表 –17  醋酸盐缓冲液

| pH | 0.2 mol/L 醋酸（ml） | 0.2 mol/L 醋酸钠（ml） |
|---|---|---|
| 3.72 | 9.0 | 1.0 |
| 4.05 | 8.0 | 2.0 |
| 4.27 | 7.0 | 3.0 |
| 4.45 | 6.0 | 4.0 |
| 4.63 | 5.0 | 5.0 |
| 4.80 | 4.0 | 6.0 |
| 4.99 | 3.0 | 7.0 |
| 5.23 | 2.0 | 8.0 |
| 5.37 | 1.5 | 8.5 |
| 5.57 | 1.0 | 9.0 |

附表 –18 醋酸盐缓冲液

| pH（18℃） | 0.2 mol/L 醋酸钠（ml） | 0.2 mol/L 醋酸（ml） |
|---|---|---|
| 3.6 | 0.75 | 9.25 |
| 3.8 | 1.20 | 8.80 |
| 4.0 | 1.80 | 8.20 |
| 4.2 | 2.65 | 7.35 |
| 4.4 | 3.70 | 6.30 |
| 4.6 | 4.90 | 5.10 |
| 4.8 | 5.90 | 4.10 |
| 5.0 | 7.00 | 3.00 |
| 5.2 | 7.90 | 2.10 |
| 5.4 | 8.60 | 1.40 |
| 5.6 | 9.10 | 0.90 |
| 5.8 | 9.40 | 0.60 |

附表 –19 琥珀酸 – 硼砂缓冲液

| pH | 0.05 mol/L 琥珀酸（ml） | 0.05 mol/L 硼砂（ml） |
|---|---|---|
| 3.0 | 9.86 | 0.14 |
| 3.2 | 9.65 | 0.35 |
| 3.4 | 9.40 | 0.60 |
| 3.6 | 9.05 | 0.95 |
| 3.8 | 8.63 | 1.37 |
| 4.0 | 8.22 | 1.78 |
| 4.2 | 7.78 | 2.22 |
| 4.4 | 7.38 | 2.62 |
| 4.6 | 7.00 | 3.00 |
| 4.8 | 6.65 | 3.35 |
| 5.0 | 6.32 | 3.68 |
| 5.2 | 6.05 | 3.95 |
| 5.4 | 5.79 | 4.21 |
| 5.6 | 5.57 | 4.43 |
| 5.8 | 5.40 | 4.60 |

附表 -20　柠檬酸 - 磷酸氢二钠缓冲液

| pH | 0.2 mol/L Na$_2$HPO$_4$（ml） | 0.1 mol/L 柠檬酸（ml） |
|---|---|---|
| 2.2 | 0.4 | 19.60 |
| 2.4 | 1.24 | 18.76 |
| 2.6 | 2.18 | 17.82 |
| 2.8 | 3.17 | 16.83 |
| 3.0 | 4.11 | 15.89 |
| 3.2 | 4.94 | 15.06 |
| 3.4 | 5.70 | 14.30 |
| 3.6 | 6.44 | 13.56 |
| 3.8 | 7.10 | 12.90 |
| 4.0 | 7.71 | 12.29 |
| 4.2 | 8.28 | 11.72 |
| 4.4 | 8.82 | 11.18 |
| 4.6 | 9.35 | 10.65 |
| 4.8 | 9.86 | 10.14 |
| 5.0 | 10.30 | 9.70 |
| 5.2 | 10.72 | 9.28 |
| 5.4 | 11.15 | 8.85 |
| 5.6 | 11.60 | 8.40 |
| 5.8 | 12.09 | 7.91 |
| 6.0 | 12.63 | 7.37 |
| 6.2 | 13.22 | 6.78 |
| 6.4 | 13.85 | 6.15 |
| 6.6 | 14.55 | 5.45 |
| 6.8 | 15.45 | 4.55 |
| 7.0 | 16.47 | 3.53 |
| 7.2 | 17.39 | 2.61 |
| 7.4 | 18.17 | 1.83 |
| 7.6 | 18.73 | 1.27 |
| 7.8 | 19.15 | 0.85 |
| 8.05 | 19.45 | 0.55 |

附表 –21　柠檬酸 – 柠檬酸钠缓冲液

| pH | 0.1 mol/L 柠檬酸（ml） | 0.1 mol/L 柠檬酸钠（ml） |
|---|---|---|
| 3.0 | 18.6 | 1.4 |
| 3.2 | 17.2 | 2.8 |
| 3.4 | 16.0 | 4.0 |
| 3.6 | 14.9 | 5.1 |
| 3.8 | 14.0 | 6.0 |
| 4.0 | 13.1 | 6.9 |
| 4.2 | 12.3 | 7.7 |
| 4.4 | 11.4 | 8.6 |
| 4.6 | 10.3 | 9.7 |
| 4.8 | 9.2 | 10.8 |
| 5.0 | 8.2 | 11.8 |
| 5.2 | 7.3 | 12.7 |
| 5.4 | 6.4 | 13.6 |
| 5.6 | 5.5 | 14.5 |
| 5.8 | 4.7 | 15.3 |
| 6.0 | 3.8 | 16.2 |
| 6.2 | 2.8 | 17.2 |
| 6.4 | 2.0 | 18.0 |
| 6.6 | 1.4 | 18.6 |

附表 –22　Tris–HCl 缓冲液

| pH | | 0.2 mol/L Tris | 0.1 mol/L HCl（ml） |
|---|---|---|---|
| 23℃ | 37℃ | | |
| 9.10 | 8.95 | | 5.0 |
| 8.92 | 8.78 | | 7.5 |
| 8.74 | 8.60 | | 10.0 |
| 8.62 | 8.48 | | 12.5 |
| 8.50 | 8.37 | | 15.0 |
| 8.40 | 8.27 | | 17.5 |
| 8.32 | 8.18 | | 20.0 |
| 8.23 | 8.10 | | 22.5 |
| 8.14 | 8.00 | 均加入 25 ml | 25.0 |
| 8.05 | 7.90 | | 27.5 |
| 7.96 | 7.82 | | 30.0 |
| 7.87 | 7.73 | | 32.5 |
| 7.77 | 7.63 | | 35.0 |
| 7.66 | 7.52 | | 37.5 |
| 7.54 | 7.40 | | 40.0 |
| 7.36 | 7.22 | | 42.5 |
| 7.20 | 7.05 | | 45.0 |

附表 –23　碳酸钠 – 碳酸氢钠缓冲液

| pH | | 0.1 mol/L Na$_2$CO$_3$（ml） | 0.1 mol/L NaHCO$_3$（ml） |
|---|---|---|---|
| 20℃ | 37℃ | | |
| 9.16 | 8.77 | 1 | 9 |
| 9.40 | 9.12 | 2 | 8 |
| 9.51 | 9.40 | 3 | 7 |
| 9.78 | 9.50 | 4 | 6 |
| 9.90 | 9.72 | 5 | 5 |
| 10.14 | 9.90 | 6 | 4 |
| 10.28 | 10.08 | 7 | 3 |
| 10.53 | 10.28 | 8 | 2 |
| 10.83 | 10.57 | 9 | 1 |

　　三羟甲基氨基甲烷（简称 Tris）缓冲液配制方法见附表 –22。0.2 mol/L Tris 液配制方法：取三羟甲基氨基甲烷 2.43 g，加水溶解至 100 ml。如需更高的浓度，可按表中的比例，将 Tris 和 HCl 的浓度提高。按表中 Tris 和 HCl 的比例混合后加水至 100 ml。

　　三羟甲基氨基甲烷 [(CH$_2$OH)$_3$CNH$_2$] 是一种有机胺，分子量为 121.14，呈碱性，化学性质稳定，100℃加热不分解，固体在常温下可长期保存，液体至少可保存 3 个月，其等渗浓度为 0.3 mol/L，此时其 pH 为 10.2。由于上述优点，本试剂现已广泛用于配制缓冲液。

（刘美玲　杨金莲）

## 二、不同温度下物质在水中的溶解度

　　附表 –24 所示是以每 100 克溶液内无水物质的克数（质量百分比）表示的溶解度；表中的 $T$，是在与该饱和溶液成平衡的固相内结晶水分子数；无水是无水物质。

附表 –24　不同温度下物质在水中的溶解度

| $A$ | $T$ | 0℃ | 10℃ | 20℃ | 30℃ | 40℃ | 50℃ | 60℃ | 80℃ | 100℃ |
|---|---|---|---|---|---|---|---|---|---|---|
| AgNO$_3$ | | 53.5 | 61.8 | 68.6 | 73.2 | 77.0 | 80.0 | 82.5 | 86.7 | 90.1 |
| Al$_2$(SO$_4$)$_3$ | 18H$_2$O | 23.8 | 25.1 | 26.7 | 28.8 | 31.4 | 34.3 | 37.2 | 42.2 | 47.1 |
| BaCl$_2$ | 2H$_2$O | 24.0 | 25.0 | 26.3 | 27.6 | 29.0 | 30.4 | 31.7 | 34.4 | 37.0 |
| CaCl$_2$ | 6H$_2$O | 37.3 | 39.4 | 42.7 | 50.1 | – | – | – | – | – |
| CaCl$_2$ | 4H$_2$O | – | – | – | 50.1 | 53.5 | – | – | – | – |
| CaCl$_2$ | 2H$_2$O | – | – | – | – | – | – | 57.8 | 59.5 | 61.4 |
| CaO | H$_2$O | 0.13 | – | 0.123 | 0.113 | 0.104 | 0.096 | 0.086 | 0.067 | – |

| $A$ | $T$ | 0℃ | 10℃ | 20℃ | 30℃ | 40℃ | 50℃ | 60℃ | 80℃ | 100℃ |
|---|---|---|---|---|---|---|---|---|---|---|
| $CaSO_4$ | $2H_2O$ | 0.176 | 0.193 | 0.202 (18℃) | 0.210 | 0.211 | – | 0.201 (55℃) | – | – |
| $CuCl_2$ | $2H_2O$ | 40.7 | 41.5 | 42.2 | – | 44.7 | 45.0 | – | 49.8 ① | – |
| $CuSO_4$ | $5H_2O$ | 12.9 | 14.8 | 17.2 | 20.0 | 22.8 | 25.1 | 28.1 | 34.9 | 42.4 |
| $FeCl_2$ | $4H_2O$ | – | – | 38.4 | 39.6 | 40.8 | 42.2 | 43.9 | 45.8 (70℃) | – |
| $FeCl_3$ | $6H_2O$ | 42.7 | 45.0 | 47.9 | 51.6 | – | – | – | – | – |
| $FeSO_4$ | $7H_2O$ | 13.5 | 17.0 | 21.0 | 24.8 | 28.7 | 32.3 | – | – | – |
| $H_3BO_3$ | – | | 2.5 | 3.5 | 4.8 | 6.8 | 8.0 | 10.4 | 12.9 | 19.1 | 28.7 |
| $HIO_3$ | – | | 70.3 | – | 71.7 ② | – | 73.7 | – | 75.9 | 78.3 | 80.8 |
| $HgCl_2$ | – | | 4.12 | 5.3 | 6.2 | – | 8.8 | 10.2 | 12.2 | 19.5 | 35.1 |
| $KBr$ | – | | 34.5 | – | 39.7 | – | 43.2 | 44.8 | 46.2 | 48.8 | 51.2 |
| $KBrO_3$ | – | | 3.0 | 4.5 | 6.4 | 8.8 | 11.7 | 14.7 | 18.6 | 25.3 | 33.2 |
| $K_2CO_3$ | $2H_2O$ | 51.9 | 52.2 | 52.8 | 53.4 | 53.9 | 54.8 | 55.9 | 58.3 | 60.9 |
| $KC1$ | – | | 22.2 | 23.8 | 25.5 | 27.2 | 28.7 | 30.1 | 31.3 | 33.8 | 36.0 |
| $KClO_3$ | – | | 3.2 | 4.8 | 6.8 | 9.2 | 12.7 | 16.5 | 20.6 | 28.4 | 36.0 |
| $KClO_4$ | – | | 0.7 | 1.1 | 1.7 | 2.05 | – | 5.1 | – | 10.9 ③ | 18.2 |
| $K_2CrO_4$ | – | | 36.4 | 37.9 | 38.9 | 39.5 | 40.1 | 40.8 | 42.1 | 44.5 | 46.5 |
| $K_2Cr_2O_7$ | – | | 4.43 | 7.5 | 11.1 | 15.4 | 20.6 | 25.9 | 31.2 | 41.1 | 50.5 |
| $KI$ | – | | 56.1 | 57.7 | 59.1 | 60.4 | 61.5 | 62.7 | 63.8 | 65.8 | 67.6 |
| $KIO_3$ | – | | 4.5 | – | 7.5 | 10.5 | 11.4 | 13.2 | 15.6 | 19.9 | 24.4 |
| $K_4Fe(CN)_6$ | $3H_2O$ | 13.0 | 17.5 | 22.4 | 26.9 | 29.9 | – | 35.9 | 40.7 | 43.6 |
| $KMnO_4$ | – | | 2.75 | 4.10 | 6.00 | 8.3 | 11.2 | 14.4 | 20.0 ④ | – | – |
| $KNO_3$ | – | | 11.6 | 17.7 | 24.1 | 31.5 | 39.1 | 46.2 | 52.5 | 62.8 | 71.1 |
| $KOH$ | $2H_2O$ | 49.2 | 50.8 | 52.8 | 55.8 | – | – | – | – | – |
| $KOH$ | $H_2O$ | – | – | – | – | – | 58.3 | – | – | 64.0 |
| $K_2SO_4$ | – | | 6.87 | 8.47 | 10.0 | 11.5 | 13.0 | 14.2 | 15.4 | 17.6 | 19.4 |
| $MgCl_2$ | $6H_2O$ | 34.6 | 34.9 | 35.3 | – | 36.5 | – | 37.9 | 39.8 | 42.2 |
| $MgSO_4$ | $7H_2O$ | – | 23.6 | 26.2 | 29.0 | 31.3 | – | – | – | – |
| $MgSO_4$ | $6H_2O$ | – | – | – | – | – | 33.5 | 35.5 | – | – |
| $MgSO_4$ | $H_2O$ | – | – | – | – | – | – | – | 38.6 | 40.6 |
| $NH_4Cl$ | – | | 23.0 | 25.0 | 27.3 | 29.3 | 31.4 | 33.5 | 35.6 | 39.6 | 43.6 |
| $NH_4NO_3$ | – | | 54.2 | 59.1 | 63.9 | 70.8 | 74.8 | 78.0 | 80.4 | 86.2 | 91.0 |
| $(NH_4)_2SO_4$ | – | | 41.4 | 42.2 | 63.0 | 43.8 | 44.8 | 45.8 | 46.8 | 48.8 | 50.8 |
| $Na_2B_4O_7$ | $10H_2O$ | 1.38 | 1.58 | 2.52 | 3.75 | – | 9.52 | 16.7 | – | – |
| $Na_2B_4O_7$ | $5H_2O$ | – | – | – | – | – | – | 16.7 | 23.9 | 34.3 |
| $NaBr$ | $2H_2O$ | 44.3 | – | 47.5 | 49.5 | 51.4 | 53.7 | 54.1 | – | – |
| $NaBr$ | 无水 | – | – | – | – | – | – | – | 54.2 | 54.8 |

续表

| A | T | 0℃ | 10℃ | 20℃ | 30℃ | 40℃ | 50℃ | 60℃ | 80℃ | 100℃ |
|---|---|---|---|---|---|---|---|---|---|---|
| $Na_2CO_3$ | $10H_2O$ | | | | | 33.2 | 32.2 | 31.7 | 31.1 (88.4℃) | 31.1 (104.8℃) |
| $Na_2CO_3$ | $H_2O$ | 6.4 | 11.2 | 17.8 | 29.0 | | | | | |
| NaCl | – | 26.3 ⑤ | 26.3 | 26.4 | 26.5 | 26.9 | 26.9 | 27.1 | 27.6 | 28.2 |
| NaI | $2H_2O$ | 61.4 | 62.8 | 64.2 | 65.5 | 67.2 | 69.5 | 72.0 | – | – |
| NaI | 无水 | – | – | – | – | – | – | – | 74.7 | 75.2 |
| $NaNO_2$ | – | 41.9 | 43.8 | 45.8 | 47.8 | 49.6 | 51.0 | – | 57.0 | 62 |
| $NaNO_3$ | – | 42.2 | 44.5 | 46.8 | 49.0 | 51.2 | 53.3 | 55.5 | 59.7 | 64.5 |
| NaOH | $H_2O$ | – | 34.0 | 52.2 | 54.3 | 56.3 | 59.1 | 63.5 | – | – |
| NaOH | 无水 | – | – | – | – | – | – | – | 75.7 | 77.6 |
| $Na_3PO_4$ | $12H_2O$ | 4.3 | 7.6 | 10.8 | 14.0 | 16.8 | 22.7 | 28.5 | 35.1 (75℃) | – |
| $Na_2HPO_4$ | $12H_2O$ | 1.8 | 3.7 | 7.2 | 22.6 (32.5℃) | – | – | – | | |
| $Na_2HPO_4$ | $2H_2O$ | – | – | – | – | – | 44.5 | 47.6 (59℃) | 49.3 (85℃) | |
| $Na_2PO_4$ | $10H_2O$ | 4.5 | 8.2 | 16.1 | 28.8 ⑥ | – | – | – | – | |
| $Na_2SO_4$ | 无水 | – | – | – | 33.5 ⑥ | 32.5 | 32 | 30.5 (70℃) | 30.0 (90℃) | 29.9 |
| $Na_2S_2O_3$ | $5H_2O$ | 34.4 | 379 | 41.2 | – | – | – | – | – | |
| $Na_2S_2O_3$ | $2H_2O$ | – | – | – | 45.9 | 50.7 | 62.9 | 67.4 | 71.3 | 72.7 |
| $ZnSO_4$ | $7H_2O$ | 29.4 | 32.0 | 36.6 (25℃) | – | 41.2 (39℃) | – | – | – | – |
| $ZnSO_4$ | $6H_2O$ | – | – | – | – | 41.28 | 43.1 | 43.4 | – | – |
| $ZnSO_4$ | $H_2O$ | – | – | – | – | – | – | – | 46.2 | 44.0 |
| 蔗糖 | – | 64.2 | 65.6 | 67.1 | 68.7 | 70.4 | 72.3 | 74.2 | 78.4 | 83.0 |
| 苯甲酸 | – | 0.17 | 0.21 | 0.29 | 0.41 | 0.55 | 0.77 | 1.14 | 2.64 | 5.55 |
| 酒石酸 | – | 53.5 | 55.8 | 58.2 | 61.0 | 63.8 | 6.1 | 68.6 | 73.2 | 77.5 |
| 草酸 | $2H_2O$ | 3.42 | 5.73 | 8.69 | 12.5 | 17.7 | 23.9 | 30.7 | 45.8 | 54.5 |
| 醋酸钠 | $3H_2O$ | 26.6 | 29.0 | 31.7 | 35.2 | 39.5 | 45.3 | 58.2 ⑦ | 60.5 ⑦ | 63.0 ⑧ |
| 酒石酸氢钾 | – | 0.34 | 0.39 | 0.57 | 0.95 | 1.37 | 1.85 | 2.40 | 4.17 | 6.15 |
| 草酸钠 | $3H_2O$ | 30.5 | 37.7 | 46.5 | – | – | – | – | – | – |
| 草酸钠 | 无水 | – | – | – | – | 51.8 | – | 54.6 | 57.6 | 61.4 |
| 草酸钾 | $H_2O$ | 20.3 | 23.7 | 26.4 | 28.6 | 30.8 | 33.0 | 35.1 | 39.5 | 44.9 |

①在82℃时是49.8，在90℃时50.9；②在16℃时；③在70℃；④在65℃时；⑤由 –20～0℃和 $2H_2O$ 结晶；在0.2℃时，固相是 $NaCl·2H_2O+2H_2O$；⑥在32.38℃时是33.2；⑦和 $2H_2O$ 结晶 ⑧结晶出无水盐。

（黄春霞　杨金莲　刘美玲）

## 主要参考文献

1. 中华人民共和国卫生部医政司编.全国临床检验操作规程.2版.南京：东南大学出版社,1997.

2. 魏群.基础生物化学实验.3版.北京：高等教育出版社,2009.

3. 宋方洲,何凤田.生物化学与分子生物学实验.北京：科学出版社,2008.

4. 袁榴娣.高级生物化学与分子生物学实验教程.南京：东南大学出版社,2006.

5. 曾秀琼,吴起.化学生物学实验.北京：科学出版社,2013.

6. 翟朝阳,杨鲁川.生物分子实验教材.2版.成都：四川大学出版社,2006.

7. 董晓燕.生物化学实验.北京：化学工业出版社,2003.

8. 韩跃武.生物化学实验.2版.兰州：兰州大学出版社,2006.

9. 李关荣.生物化学实验教程.北京：中国农业大学出版社,2011.

10. 刘箭.生物化学实验教程.北京：科学出版社,2004.

11. 王金亭,方俊.生物化学实验教程.武汉：华中科技大学出版社,2010.

12. 臧荣鑫,杨具田.生物化学实验教程.兰州：兰州大学出版社,2010.

13. 徐跃飞.生物化学与分子生物学实验技术.北京：科学出版社,2011.

14. 胡晓燕,张孟业.生物化学与分子生物学实验技术.济南：山东大学出版社,2005.

15. 何凤田,连继勤.生物化学与分子生物学实验教程.北京：科学出版社,2012.

16. 邵雪玲.生物化学与分子生物学实验指导.武汉：武汉大学出版社,2003.

17. 郑铁生.临床生物化学检验.北京：中国医药科技出版社,2008.

18. 骆亚萍.生物化学与分子生物学实验指导.长沙：中南大学出版社,2006.

19. J.萨姆布鲁克,D.W拉塞尔.分子克隆实验指南.3版.黄培堂译.北京:科学出版社,2002.

20. 郭尧君.蛋白质电泳实验技术.北京：科学出版社,2005：6~8.

21. 冯作化,药立波,周春燕.医学分子生物学.北京：人民卫生出版社,2005:351~357.

22. 潘銮凤.分子生物学技术.上海：复旦大学出版社,2008:50~53.

23. 郑晓飞.RNA实验技手册.北京：科学出版社,2005.

24. 张维铭.现代分子生物学实验手册.北京：科学出版社,2007.

25. 朱玉贤,李毅主.现代分子生物学.2版.北京：高等教育出版社,2007.